KB195119

사업자가 꼭 알아야 할 절세의 전략

절세 고수가 알려주는
사업자가 꼭 알아야 할 절세의 전략

초판 1쇄 인쇄	2024년 12월 16일
초판 1쇄 발행	2024년 12월 20일

지은이	택스코디
기획	잠빌더 로울
펴낸이	곽철식
디자인	임경선
마케팅	박미애

펴낸곳	다온북스
출판등록	2011년 8월 18일 제311-2011-44호

주 소	서울시 마포구 토정로 222 한국출판콘텐츠센터 313호
전 화	02-332-4972
팩 스	02-332-4872
이메일	daonb@naver.com

ISBN 979-11-93035-57-3(03410)

절세 고수가 알려주는

사업자가
꼭 알아야 할
절세의 전략

택스코디 지음 | **잡빌더 로울** 기획

다온북스
DAON BOOKS

이 정도만 알아도 절세 고수
부가가치세

PART II.

이 정도만 알아도 절세 고수
종합소득세
PART III.

알면 돈이 보이는
사업자 세금 상식 10가지
PART IV.

당신의 세금 점수는
몇 점인가요?

이 책을 구매할지, 말지 망설이는 당신, 길게 고민하지 말고 다음 문제부터 풀어봅시다.

간단한 'O, X 형식' 퀴즈입니다. 너무 오래 생각하지 말고, 떠오르는 데로 1번부터 20번까지 문제에 O 또는 X에 체크만 하면 됩니다. 자, 이제 시작합시다.

문항	내 용	O	X
1	사업자등록은 사업 개시 전에는 할 수 없고, 사업 개시 후 15일 안에 해야 한다.	☐	☐
2	월세로 사는 집에서도 사업자등록은 가능하며, 해당 월세는 비용으로 처리할 수 있다.	☐	☐
3	개인사업자 명의변경은 홈택스에서도 가능하다.	☐	☐
4	비용처리를 하기 위해서는 무조건 사업자 카드를 사용해야 하고, 사업자등록과 동시에 사업용 계좌를 써야 한다.	☐	☐
5	사업장이 여러 개이면 사업장마다 따로 사업자등록을 해야 한다.	☐	☐

6	병원, 출판사, 학원 등은 대표적인 면세사업자이고, 모든 세금이 면제된다.	☐	☐
7	일반과세사업자, 간이과세사업자 모두 부가가치세 신고는 1년에 두 번이다.	☐	☐
8	사업자등록 전이더라도 사업을 위해 지출한 비용은 부가가치세 매입세액공제가 가능하다.	☐	☐
9	쿠팡에서 산 사업용 비품, 사업용 카드로 구매하면 자동으로 부가가치세 매입세액공제가 가능하다.	☐	☐
10	부가가치세 산출세액이 200만 원이고, 신용카드 매출전표 등 발행세액공제금액이 300만 원이면 100만 원 환급받을 수 있다.	☐	☐
11	모든 경우에 간이과세가 일반과세보다 유리하다.	☐	☐
12	1년간 매출이 1억 400만 원을 초과하면 일반과세사업자로 전환 신청을 꼭 해야 한다.	☐	☐
13	조기환급을 받으려는 사업자는 신고 기간 전이라도 매월 또는 매 2월분을 신고하거나 예정신고가 가능하다.	☐	☐
14	분류과세하는 양도소득, 퇴직소득을 포함해 모든 소득의 합계를 기준으로 신고·납부하는 세금이 종합소득세다.	☐	☐
15	종합소득세는 인별 과세하고, 세율은 누진세율이므로, 공동명의를 하면 소득세를 줄일 수 있다.	☐	☐
16	개인사업자는 간편장부 대상자와 복식부기 의무자로 구분하고, 모든 신규사업자는 간편장부 대상자이다.	☐	☐
17	추계신고 단순경비율 대상자도 복식부기 방식으로 신고할 수 있다.	☐	☐
18	접대비는 부가가치세 매입세액공제는 불가능하지만, 종합소득세 비용처리는 가능하다.	☐	☐
19	노란우산공제에 가입하면 직장인, 사업자, 프리랜서 모두 소득공제를 받을 수 있다.	☐	☐
20	카페를 차려도 청년창업 소득세 감면 적용이 가능하다.	☐	☐

수고했습니다. 답은 뒷장에 있습니다.

정답

1번	X	11번	X
2번	X	12번	X
3번	X	13번	O
4번	X	14번	X
5번	O	15번	O
6번	X	16번	X
7번	X	17번	O
8번	O	18번	O
9번	X	19번	X
10번	X	20번	X

'정답 수 × 5점'을 해 여러분의 점수를 계산해봅시다. 나온 점수가 50점이 안 되면 즉시 이 책을 구매해 읽어봅시다. 세금은 아는 만큼 줄어들고, 미리미리 대비해야 하기 때문입니다.

본 책은 성공한 중견기업 대표를 위해서 쓴 책이 아닙니다. 창업을 준비하는 예비창업자, 이제 막 사업을 시작한 초보 사업자가 반드시 알아야 할 세금 상식을 알기 쉽게 쓴 책입니다. 많은 사업자가 부가가치세와 종합소득세가 어떻게 계산되는지 잘 알지 못하는 것이 현실입니다. 인터넷에서 이리저리 검색해봐도 관련 법조문을 나열한 뒤 주의해야 한다는 취지의 의견을 간략히 보태는 내용이 대부분입니다.

하지만, 본 책은 사업자가 궁금할 부분을 콕 집어서 상세하게 알려주고 택스코디 특유의 간결하고 쉬운 문장으로 작성해, 세금을 지식이 아닌 상식의 차원으로 확장할 것입니다.

사업자가 꼭 알아야 할 절세의 전략

"세무대리인이 잘 알아서 해주겠죠."

앞으로 계속 강조하겠지만, 알고 맡기는 것과 모르고 맡기는 것은 천지 차이입니다. 절세의 주체는 바로 사업자 자신이 되어야 합니다. 세금에 대해 조금만 관심을 가진다면 절세를 위한 아이디어는 자신의 상황을 가장 잘 아는 본인에게서 더 많이 나올 수 있다고 저는 소리칩니다.

사업을 하기 전부터 미리미리 준비해야 하며, 세무대리인과 상담을 할 때도 대략적인 내용을 알고 가야 더 절세할 수 있습니다. 이 책만 잘 읽어도 큰 도움이 될 거라 자신합니다.

PART

I

이 정도만 알아도
절세 고수
사업자등록

01

사업자등록은
사업 개시 전이라도 가능하다

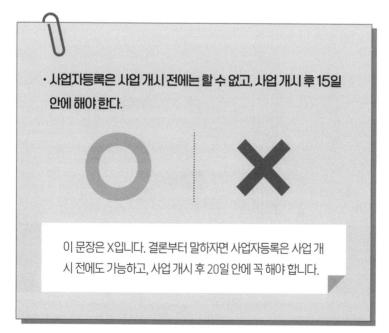

- 사업자등록은 사업 개시 전에는 할 수 없고, 사업 개시 후 15일 안에 해야 한다.

○ ╎ ✕

이 문장은 X입니다. 결론부터 말하자면 사업자등록은 사업 개시 전에도 가능하고, 사업 개시 후 20일 안에 꼭 해야 합니다.

모든 사업자는 사업을 시작할 때 반드시 사업자등록을 해야 합니다. 음식점, 편의점, 제조업, 도소매업, 무역업, 유튜버 등 사업자등록은 사업의 초기에 꼭 거쳐야 하는 절차입니다. 사업을 개시한 지 '0일 이내'에 사업자등록을 마쳐야 하며, 이런 의무를 어기다가 적발됐을 땐 미등록가산세에 더해 공제(매입세액) 혜택도 받을 수 없습니다.

사업자등록은 사업장마다 해야 합니다. 구비서류를 갖추어 사업장 주소지 세무서 민원봉사실에 신청하면 됩니다. 인터넷 홈택스 (www.hometax.go.kr)에서도 신청 가능합니다.

그리고 사업을 시작하기도 전에 사업을 개시할 것이 객관적으로 확인되는 경우 사업자등록증 발급이 가능합니다.

세알못　　구비서류에는 어떤 것이 있나요?

택스코디　　다음과 같습니다.

사업자등록신청서 1부, 사업허가증, 등록증 또는 신고필증 사본 1부 (허가를 받거나 등록 또는 신고를 해야 하는 사업의 경우), 사업 개시 전에 등록하고자 하는 때에는 사업 허가 신청서 사본이나 사업계획서, 임대차계약서 사본 1부 (확정일자 신청할 때에는 임대차계약서 원본), 2인 이상 공동으로 사업을 하는 때에는 공동 사업 사실을 증명할 수 있는 서류, 도면 1부 (상가건물임대차보호법이 적용되는 건물 일부를 임차한 경우)

사업자등록은 사업자등록 신청 즉시 발급이 가능합니다. 단, 사전 확인이 필요한 사업자의 경우, 현장 확인 등의 절차를 거친 후 발급

될 수도 있습니다.

세알못   다른 사람 이름으로 사업자등록을 해도 되나요?

택스코디   사업자등록은 반드시 실제 사업을 하는 사람의 이름으로 해야 합니다. 설령 타인의 이름으로 등록됐다 하더라도 추후 실질 사업자가 밝혀지면 이름을 빌려준 사람과 함께 조세범처벌법에 따라 처벌받게 됩니다.

    또한, 실질 사업자가 체납하는 등의 문제로 이름을 빌려준 사람이 대신 채무 관계에 얽히거나 소송을 당하는 등의 피해를 볼 수 있습니다.

상가건물이 경매 또는 공매되는 경우 임차인이 상가건물 임대차보호법의 보호를 받기 위해서는 반드시 사업자등록과 함께 확정일자를 받아야 합니다.

세알못   확정일자란 무엇인가요?

택스코디   건물소재지 관할 세무서장이 그 날짜에 임대차계약서의 존재 사실을 인정하여 임대차계약서에 기입한 날짜를 말합니다.

    건물을 임차하고 사업자등록을 한 사업자가 확정일자를 받아놓으면 임차한 건물이 경매나 공매로 넘어갈 때, 확정일자를 기준으로 후순위 권리자에 우선해 보증금을 변제받을 수 있습니다. 따라서 확정일자는 사업자등록과 동시에 신청하는 것이 좋습니다.

사업자가 꼭 알아야 할 절세의 전략

세알못   확정일자는 누구나 받을 수 있나요?

택스코디   확정일자 신청대상(상가건물 임대차보호법 적용대상)은 환산
보증금(보증금 + 월세의 보증금 환산액)이 지역별로 다음 금
액 이하일 때만 보호받을 수 있습니다.

지 역	환산보증금
서울특별시	9억 원
수도권정비계획법에 따른 수도권 중 과밀억제권역, 부산광역시	6억9천만 원
광역시(수도권 과밀억제권역과 군지역 제외, 부산광역시 제외), 안산시, 용인시, 김포시, 광주시, 세종특별자치시, 파주시, 화성시	5억4천만 원
기타지역	3억7천만 원

> • 월세 보증금 환산액 = 월세 × 100

세알못   확정일자 신청 시 구비서류는요?

택스코디   다음 서류를 준비해 건물소재지 관할 세무서 민원봉사실
에 신청하면 됩니다.

신규사업자	사업자등록신청서, 임대차계약서 원본, 사업허가·등록·신고필증, 사업장 도면(건물 공부상 구분등기 표시된 부분의 일부만 임차한 경우), 본인 신분증
기존사업자	사업자등록 정정신고서(임대차계약이 변경된 경우), 임대차계약서 원본, 사업장 도면(건물 공부상 구분등기 표시된 부분의 일부만 임차한 경우), 본인 신분증

02

월세로 사는 집에서도
사업자등록은 가능하다

- 월세로 사는 집에서도 사업자등록은 가능하며, 해당 월세는 비용으로 처리할 수 있다.

이 문장은 X입니다. 결론부터 말하자면 월세로 거주하는 집에서도 사업자등록은 가능하지만, 해당 월세는 비용으로 처리할 수 없습니다.

사업자가 꼭 알아야 할 절세의 전략

세알못   친구가 카페를 운영하고 있는데, 그 안에 작은 소품숍을 열어볼까 합니다. 이때도 사업자등록이 가능한가요?

택스코디   샵인샵 형태의 사업을 운영하려면 해당 사업을 실제로 운영하는 곳에 사업자등록을 해야 합니다. 먼저 상가 건물주에게 소품숍 전대에 대한 동의를 구하고 전대차 계약서를 작성해야 해당 소재지에서 사업자등록을 할 수 있습니다. 이렇게 사업자등록 절차만 마치면 친구 카페에서 소품숍을 운영하는 것에 대해 별도의 제약은 없습니다.

샵인샵(Shop in shop), 말 그대로 하나의 가게 안에 또 다른 매장을 차린다는 뜻입니다. 우리가 알고 있는 찜질방 내 식당, 미용실 안 네일샵도 이런 샵인샵 형태로 운영되는 곳들입니다. 샵인샵이 인기를 끄는 이유는 여러 장점이 있기 때문입니다. 세알못 씨처럼 오프라인 매장 내 독립된 공간을 샵인샵 형태로 운영하게 되면 비싼 월세 부담을 줄일 수 있고, 운영이 잘되고 있는 가게라면 자투리 공간을 빌려 고객을 쉽게 확보할 수도 있습니다.

세알못   치킨집을 운영하는 사업자가 배달의 민족, 요기요 등 배달 플랫폼에 추가로 떡볶이집을 등록해 운영하는 경우 사업자등록을 추가로 내야 하나요?

택스코디   그렇지 않습니다. 같은 사람이 운영한다면 하나의 사업자등록증만으로 운영 가능합니다. 다만 동일인이 아닌 다른 사람이 샵인샵의 형태로 식당을 운영하면 사업자를 따로 내야 합니다.

온라인을 통한 샵인샵 운영은 하나의 사업자를 가지고 배달 플랫폼 등을 통해 여러 개의 매장을 운영하는 걸 말합니다. 사업자등록을 추가로 하지 않아도 다수의 가게를 배달 플랫폼에 입점해 각종 부대 비용을 아낄 수 있다는 장점이 있습니다.

세알못   현재 직장을 다니고 있습니다. 다음 달부터 집에서 작게나마 인터넷 쇼핑몰을 시작할까 합니다. 지금 사는 집은 월세입니다. 월세를 주고 있는데도, 집 주소로 사업자등록이 가능한가요?

택스코디   지금 근무하고 있는 회사에서 근로자의 사업자등록을 제한하는 규정이 별도로 없다면 가능합니다. 대부분 회사는 그런 규정이 없습니다.

사업자등록을 하려면 원칙적으로 별도의 공간인 사업장이 존재해야 합니다. 이런 이유로 사업자등록을 신청할 때, 사업장 주소와 임대차계약서를 제출해야 합니다. 부가가치세법(6조)을 보면 사업자의 부가가치세 납세지는 각 사업장의 소재지로, 사업장은 사업을 하기 위해 거래의 전부(또는 일부)를 하는 고정된 장소로 규정되어 있습니다.

하지만 예외도 있습니다. 고정된 사업장이 없는 경우에는 사업자의 주소(또는 거소)를 사업장으로 지정할 수 있습니다. 다시 말해 내가 사는 집도 사업장 주소지로 등록이 가능하단 소리입니다. 대표적으로 전자상거래·통신판매업을 꼽을 수 있습니다. 인터넷 쇼핑몰, 유

사업자가 꼭 알아야 할 절세의 전략

튜브 사업, SNS나 블로그 마켓 등 온라인 통신망을 이용한 사업자라면 집 주소로도 사업자등록이 가능합니다.

단, 집 주소로 사업자등록을 낼 때는 월세는 비용처리가 되지 않습니다. 세법의 관점에서는 집은 주거목적으로 사용하는 것이며, 월세 비용 모두를 사업과 관련되었다고 보지 않기 때문입니다.

세알못   공동명의로 창업하면, 누구 이름으로 사업자등록을 해야 하나요?

택스코디   두 사람 이상이 공동으로 사업을 할 때, 사업자등록신청은 공동사업자 중 1인을 대표자로 결정한 후에 대표자 명의로 신청해야 합니다. 또한, 공동 사업 (동업 사실)을 증명할 동업계약서 등도 필요합니다.

사업자등록 정정신고,
개인사업자 명의변경이 가능하다?

· 개인사업자 명의변경은 홈택스에서도 가능하다.

이 문장은 X입니다. 결론부터 말하자면 개인사업자는 명의변경이라는 개념 자체가 없습니다. 같은 사업자등록 번호가 유지되면서 대표자만 바뀌는 걸 명의변경이라고 합니다. 개인사업자는 명의변경제도를 이용할 수 없고, 전 사업주가 먼저 폐업 신청을 하고 현 사업주는 다시 신규로 사업자등록을 해야 합니다.

세알못	사업자등록 내용은 바꿀 수 있나요?
택스코디	상호를 변경하거나 주소를 바꾸거나 업종을 변경하는 등의 이유로 사업자등록 내용을 바꿔야 할 때가 있습니다. 이 경우 사업자등록 이후라도 사업자등록 정정신고를 하면 됩니다. 홈택스에서도 사업자등록 정정 및 휴업자 재개업신고가 가능합니다. 세무서에 직접 가지 않고 온라인을 통해 편리하게 업무를 처리할 수 있습니다.
세알못	친구 명의 사업장을 제 명의로 사업자 명의만 변경하려고 합니다. 저만 세무서 가서 신청해도 되나요?
택스코디	개인사업자는 명의변경이라는 개념이 없습니다. 기존에 친구가 하던 사업을 인수하는 경우 기존사업자는 폐업신고를 하고, 인수자 세알못 씨는 새로운 사업을 개시하는 날부터 20일 이내에 신규로 사업자등록을 해야 합니다.

같은 사업자등록 번호가 유지되면서 대표자만 바뀌는 걸 명의변경이라고 합니다. 원칙적으로 개인사업자는 다음 두 가지 예외를 제외하고 명의변경제도를 이용할 수 없습니다.

1. 대표자의 사망 등으로 상속이 일어나는 경우	사업자등록 번호는 그대로 유지하면서 상속인이 대표자로 바뀔 수 있습니다.
2. 명의위장 사업자의 실제 사업자 과세	사업자등록 번호가 그대로 유지되면서 명의상 사업자에서 실제 사업자로 대표자가 바뀝니다. 세무서가 직권으로 처리하는 경우입니다.

참고로 같은 사업자등록 번호를 유지하기 위해 편법으로 이용하는 방법이 있습니다. A 명의로 운영하는 사업체에 동업계약서를 작성하여 A, B가 공동대표가 됩니다. 그리고 A가 공동대표에서 빠집니다. 그러면 B가 단독대표자가 되는 방식입니다.

그리고 공동사업자 구성원 또는 출자지분이 바뀌는 경우 또는 그밖에 사업 종류가 변경되거나 사업장을 이전하는 경우에는 사업자등록 정정신고서에 사업자등록증을 첨부하여 정정신고를 해야 합니다.

세알못 그 밖에 사업 종류가 변경되는 것을 좀 더 상세히 설명해 주세요.

택스코디 사업 종류가 변경되는 경우는 다음과 같습니다.

1. 사업의 종류를 완전히 다른 종류로 변경 (예를 들어 음식점업을 하다가 숙박업으로 변경하는 경우)
2. 새로운 사업의 종류를 추가 (예를 들어 음식점업을 하다가 숙박업을 추가하는 경우)
3. 사업의 종류 중 일부를 폐지

세알못 쇼핑몰을 운영하다가 휴업을 했는데, 다시 재개업을 하려고 합니다. 그동안 사업장을 이사해 주소가 변경됐습니다. 이럴 때 홈택스에서 어떻게 신고해야 하나요?

택스코디 크게 보면 다음 두 가지 신고를 해야 합니다.

사업자가 꼭 알아야 할 절세의 전략

1. 사업자등록 정정신고

   '홈택스 로그인 → 신청/제출 → 사업자등록 정정(개인)', 이 경로를
   통하면 됩니다.

2. (휴업자) 재개업신고

   '홈택스 로그인 → 신청/제출 → (휴업자) 재개업신고', 이 경로를 통하
   면 됩니다.

세알못   사업자등록 번호를 8888처럼 제가 원하는 번호로 받을 수
          도 있나요?

택스코디   사업자등록번호는 임의로 결정할 수 없습니다. 사업자등
          록번호는 일련번호(3자리) + 개인법인 구분코드(2자리) +
          일련번호(4자리) + 검증번호(1자리) 등 10자리로 구성되
          는데, 코드별로 순차적으로 부여됩니다. 3자리 일련번호
          는 101~999, 4자리 일련번호는 0001~9999중 가능한 숫
          자로 순차적으로 부여됩니다. 개인·법인 구분코드 역시
          별도로 01~99 사이에서 결정됩니다.

04

사업자 카드? 사업용 카드?
뭐가 맞는 말일까?

· 비용처리를 하기 위해서는 무조건 사업자카드를 사용해야 하고, 사업자등록과 동시에 사업용 계좌를 써야 한다.

이 문장은 X입니다. 결론부터 말하자면 사업자카드라는 단어는 세법에 존재하지 않는 단어입니다. 또 대표자 명의 신용카드를 쓰지 않고 가족 (또는 직원)의 카드를 사용해도 비용처리는 가능합니다. 사업용 계좌는 사업자등록과 동시에 하지 않아도 되고, 복식부기의무자부터 의무사항입니다.

세알못   사업자등록을 하고 난 후 세금처리를 위해서 사업자카드
는 필수 맞죠?

택스코디   그렇게 생각하는 사업자가 많은데, 흔히 말하는 사업자카드
는 꼭 만들 필요는 없습니다. 카드사에서 영업 목적으로 사
업자카드를 만들라고 홍보하기도 하는데, 그것이 마치 의무
인 것처럼 오해를 불러일으킬 수도 있습니다. 사업자카드를
발급받지 않았더라도 대표자 본인 명의의 신용카드를 국세
청 홈택스에 사업자용으로 등록을 하면 그것이 사업자의 사
업용 카드가 됩니다. 사업자카드 발급 여부가 중요한 것이
아니라, 대표자 명의의 카드를 홈택스에 등록하는 것이 중
요한 것입니다.

부가가치세를 줄이기 위해서는 매입 적격증빙을 잘 챙겨야 합니
다. 세금계산서, 계산서, 신용카드매출전표, 현금영수증 등이 매입
적격증빙입니다. 세금계산서와 계산서는 대부분 전자 형태로 발급
되어 홈택스에서 쉽게 확인할 수 있습니다. 현금영수증 또한 사업자
용 지출증빙으로 홈택스에서 쉽게 확인 가능해서 누락으로 인한 불
이익이 거의 없는 편입니다.

하지만 '신용카드'는 좀 다릅니다. 사업자가 직접 홈택스를 통해
신용카드를 등록해두지 않으면 확인할 수 없기 때문입니다.

세알못   그럼 신용카드를 홈택스에 등록하지 않으면 매입세액공
제가 되지 않나요?

택스코디   신용카드매출전표로 부가가치세 매입세액 공제를 받기

위해서는 거래하는 상대방의 과세유형, 사업자등록번호, 거래날짜, 공급가액, 세액, 카드 회원 번호 등의 정보가 필요합니다. 물론 카드사를 통해 사용 내역 확인이 가능하기는 하지만, 카드사용 내역이 많다면 쉽게 확인이 어렵습니다. 또 실제 사용한 카드 전표 보관 상태가 양호하지 않다면 기재된 내용을 식별하기 어렵고 카드사에서 거래상대방의 과세유형이나 사업자등록번호 등을 제공하지 않아 부가가치세 신고 시 매입세액공제를 받기 위한 필수 정보가 충분하지 않을 수 있습니다.

이런 이유로 신용카드(또는 체크카드)를 사업자등록과 동시에 홈택스에 등록해놓으면 부가가치세액 매입세액공제 시 필요한 모든 정보가 제공되기 때문에 자료 부족으로 불이익을 받을 위험이 사라집니다. 간편한 등록 절차를 통해 누락 없이 부가가치세 매입세액을 공제받을 수 있는 아주 간단한 방법입니다.

다만 사업용 신용카드를 등록하는 절차에서 사업자들이 자주 저지르는 두 가지 실수가 있습니다. 다음과 같습니다.

1. 사업용 신용카드에서 조회가 가능한 내역들은 사업용 신용카드를 등록한 이후의 내역들로 제한된다.

다시 말해 늦게 등록하면 그 전 거래 내역은 조회할 수 없습니다. 이렇게 사업용 신용카드를 개업 후 뒤늦게 등록한 경우라면 카드사 홈페이지 혹은 카드사에 문의해 부가가치세 신고용 엑셀 자료 형식으로 받아 홈택스 신고 때 활용하거나 세무대리인에게 전달해야 합니다.

2. 사업용 신용카드 등록 여부를 확인하자.

홈택스에 카드등록 절차를 거쳤는데, 간혹 홈택스 오류 혹은 정보 입력 실수로 카드등록에 실패할 때가 있습니다. 이런 경우에는 '본인 확인 불일치'라는 문구와 함께 사업자가 등록한 카드가 조회되지 않 습니다. 이때도 앞선 경우와 마찬가지로 카드사로부터 엑셀 자료를 받아 신고에 활용해야 합니다. 따라서 등록 절차를 거쳤더라도 홈택 스에 다시 한번 접속해 제대로 등록이 되었는지를 확인해야 합니다.

대표자 명의 신용카드를 홈택스에 미리 등록하면 사용 내역이 자 동으로 집계되어 부가가치세 신고 시 신용카드 매입전표를 일일이 입력할 필요 없이 편리하게 매입세액공제를 받을 수 있습니다. 홈택 스에 사업용 신용카드를 등록하는 방법은 다음과 같습니다.

□ 등록 방법

홈택스 로그인 → 조회 / 발급 → 현금영수증 → 사업용 신용카드 → 사업용 신용카드 등록

(개인신용정보 제공동의서 체크 → 사업용 신용카드 번호 입력 → 등록 접수하기 클릭)

세알못 만약 홈택스에 등록한 사업용 카드를 사용해 사업과 관련 없는 지출을 한 경우엔 어떻게 해야 하나요?

택스코디   만약 개인적 용도로 사용한 부분은 매입세액공제확인/변경 화면에서 공제 여부 결정을 불공제로 선택한 후 부가가치세 신고를 해야 합니다. (홈택스 로그인 → 조회·발급 → 현금영수증 → 사업용 신용카드 → 매입세액공제확인/변경)

세알못   식당을 운영하고 있습니다. 식자재를 가족 명의 신용카드로 구매해도 부가세 매입세액공제가 가능한가요?

택스코디   원칙적으로 대표자 본인 명의의 신용카드를 사용해야 부가가치세 신고 시 매입세액공제를 받을 수 있습니다. 그렇지만 가족 명의 신용카드로 결제를 해도 사업과 관련된 지출이라면 매입세액공제를 받을 수도 있습니다. 중요한 것은 명백히 사업과 관련되어야 한다는 것입니다. 가족 명의 (또는 직원 명의) 신용카드를 사용해 매입세액공제를 받았다면, 세무서에서는 주의 깊게 지켜볼 수 있으므로 소명용 증빙도 함께 챙겨두면 좋습니다.

예를 들어 식당에서 사용할 에어컨을 배우자 명의 신용카드로 결제 후 매입세액공제를 받았다면 에어컨을 구매한 신용카드매출전표 영수증 및 에어컨을 설치하고 난 뒤 사진 (날짜가 있으면 더 좋습니다.)을 첨부해 두면 추후 소명요청이 들어왔을 때 문제가 발생하지 않습니다.

아울러 부가가치세 신고 시에는 해당 매출전표의 매입세액공제에 대해 신용카드매출전표 등 수령명세서 서식에서 '⑧ 그 밖의 신용카드 등'에 써넣으면 됩니다.

사업자가 꼭 알아야 할 절세의 전략

사업용 계좌는 사업용 카드와는 또 다른 문제입니다. 복식부기의 무자라면 반드시 사업용 계좌를 신고할 의무가 있습니다.

일반적으로 신규사업자들은 대부분 복식부기의무자가 아닌 간편장부대상이기 때문에 사업용 계좌를 창업 즉시 바로 만들 필요는 없습니다. 간편장부 사업자로 시작했는데, 사업 첫해에 매출이 많이 발생해서 복식부기의무자로 전환되면 사업용 계좌를 그때 만들면 됩니다. 복식부기의무자인데 사업용 계좌를 신고하지 않으면 이에 대한 미신고가산세가 붙게 됩니다.

하지만, 조세특례제한법상 각종 감면 대상자라면 사업용 계좌를 빨리 만드는 것이 좋습니다. 특히 중소기업 특별세액감면은 업종 및 지역별로 세액공제를 받는 혜택인데, 사업용 계좌가 없으면 이걸 못 받게 됩니다.

세알못　기존에 쓰던 계좌를 사업용 계좌로 사용할 수 있나요?

택스코디　금융회사 등에서 신규개설한 계좌는 물론, 기존에 사용하던 계좌도 사업용 계좌로 사용 가능합니다.

최근 영세사업자가 사업용 계좌를 만들기가 쉽지는 않습니다. 대포통장 규제로 인해 계좌의 개설 자체가 까다롭고, 기껏 만들어도 이체 한도가 낮거나 해서 활용도가 떨어지는 경우가 많죠. 만약 신규 개설이 어려우면 개인계좌를 사업용 계좌로 전환할 수도 있습니다.

세알못　공동명의 사업자는 사업용 계좌를 각자 만들어야 하나요?

택스코디　2명의 공동사업자라면 1개의 사업용 계좌를 사용해도 되고, 1명의 대표자가 여러 개의 사업용 계좌를 사용해도 됩니다. 다만, 사업용 계좌로 신고하지 않은 개인계좌로 먼저 돈을 받아 그 돈을 사업용 계좌로 이체하는 것은 원칙적으로 가산세 부과 대상이니 주의해야 합니다.

사업자가 꼭 알아야 할 절세의 전략

05

사업장이 여러 개이면
사업장마다 사업자등록을 해야 한다

· 사업장이 여러 개이면 사업장마다 따로 사업자등록을 해
  야 한다.

이 문장은 O입니다. 기본적으로 사업자등록은 사업장마다 별
도로 해야 합니다. 하지만 여러 사업장을 하나의 본점 등이 관
리하는 경우 세무서장에게 사업자단위과세 신청·등록을 하
면, 본점이나 주사업장 하나만 사업자등록을 하는 것이 가능
합니다.

두 개 이상의 사업장을 가진 사업자가 한 사업장에서는 납부세액이 발생하고, 다른 사업장에서는 환급세액이 발생할 때, 사업장 단위로 과세를 하면, 사업자는 절차상 납부를 먼저하고 환급은 나중에 받아야 합니다. 이로 인해 자금상의 부담을 받게 될 수 있고, 불합리한 때가 있습니다. 이런 상황에는 사업자의 납세 편의를 위해 주된 사업장에서 총괄하여 납부 또는 환급 받을 수 있도록 '주사업장총괄납부제도'란 것을 이용하면 좋습니다. 다시 말해 주사업장총괄납부제도는 납부세액 또는 환급세액을 주된 사업장에 합계 또는 차감하여 납부 또는 환급을 받는 것입니다.

신청 방법은 과세기간 시작 20일 전에 주사업장 총괄납부 신청서를 주된 사업장의 관할 세무서에 제출하면 됩니다. 만약 신규로 사업을 개시하고 신규 사업장을 주 사업장으로 총괄하여 납부하는 경우라면 신규 사업자등록증을 발급받은 날로부터 20일 이내에 신청서를 관할 세무서에 제출해야 합니다.

주사업장에서 총괄하여 납부하다 총괄납부를 포기하고 사업장별로 납부하고자 할 때는 과세기간 시작 20일 전에 주사업장 관할 세무서에 주사업장총괄납부 포기신청서를 제출해야 합니다.신청은 홈택스에서도 가능합니다.

기본적으로 사업자등록은 사업장마다 별도로 해야 합니다. 하지만 여러 사업장을 하나의 본점 등이 관리하는 경우에는 세무서장에게 사업자단위과세 신청·등록을 하면 본점이나 주사업장 하나만 사업자등록을 하는 것이 가능합니다. 사업자단위과세를 적용받고 싶

사업자가 꼭 알아야 할 절세의 전략

은 경우에는 사업개시일 20일 이내에 본점이나 주사무소 관할 세무서장에게 신청하면 됩니다. 사업자단위과세제도가 주사업장총괄납부와 다른 점은 주사업장에서 납부뿐만 아니라 신고, 세금계산서 발행까지 가능하다는 사실입니다. 또 주사업장총괄납부는 납부와 환급만 총괄하기 때문에 부가가치세 신고는 각각 사업장별로 따로 해야 한다는 점에 주의해야 합니다.

지점을 여러 개 가진 사업자는 사업장별로 나눠서 세무관리를 하게 되는데, 세금계산서 발행이나 부가가치세 신고, 납부, 환급 등을 사업장마다 따로 해야 하므로 번거롭고 비효율적입니다. 다시 말하지만, 이런 사업자가 사업장을 묶어서 하나로 관리할 수 있도록 하는 것이 바로 '사업자단위과세제도'입니다. 사업자단위과세 신청을 하고 승인을 받으면 본점과 지점의 세금계산서 교부나 세금의 신고납부를 한 번에 할 수 있는 장점이 있습니다.

사업을 하다 보면 새로 지점을 개설하거나 지점 문을 닫아야 하는 상황도 있을 수 있습니다. 업종을 전환할 수도 있습니다. 이런 경우 처음 승인받았던 내용이 달라지기 때문에 사업자단위과세 내용을 변경하는 조치가 필요합니다. '변경승인'을 하는 것입니다.

변경승인은 사업자단위과세 적용 사업장을 이전하거나 다른 사업장으로 변경하는 경우, 지점을 추가로 신설하거나 이전하는 경우, 사업의 종류가 달라지는 때에 곧장 변경승인을 얻은 것으로 봅니다. 예를 들어 이미 사업자단위과세를 적용받는 사업자가 지점을 추가로 개설하면 그 추가 개설 신고 자체만으로 변경승인이 된다는 말입니다.

세알못   사업자단위과세를 적용하다가 다시 사업장별로 바꾸려면
          어떻게 해야 하나요?

택스코디   사업자단위과세를 적용하고 있던 사업자가 사업자단위과
          세를 포기하고 각각 사업장별로 신고납부하거나, 주사업
          장총괄납부 등 다른 납부방식을 선택하고자 할 수도 있습
          니다. 이때에는 '포기신고'를 해야 합니다.

포기신고를 위해서는 사업자단위과세를 포기하고 다른 방식으로 변경하고자 하는 그 과세기간 개시 20일 전에 사업자단위신고 및 납부포기신고서를 총괄사업장의 관할 세무서장에게 제출해야 합니다. 예를 들어 1월 1일부터 적용받고자 하면 12월 10일까지 신고서를 제출해야 합니다.

포기신고서에는 사업자의 인적사항, 사업자단위 신고·납부의 포기 사유 등을 적어야 합니다. 관할 세무서장은 납세자가 포기신고서를 제출하는 즉시 해당 관할 사업장 외의 다른 사업장 관할 세무서장에게 내용을 통지하게 됩니다.

---------- 06 ----------

개인사업자,
이렇게 구분된다

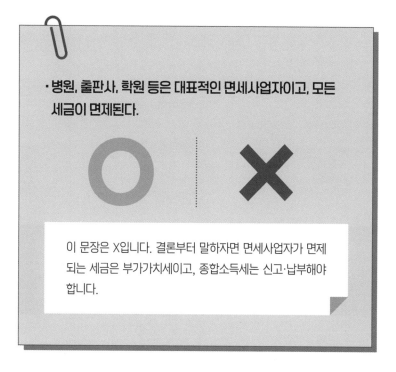

- 병원, 출판사, 학원 등은 대표적인 면세사업자이고, 모든
세금이 면제된다.

O | X

이 문장은 X입니다. 결론부터 말하자면 면세사업자가 면제
되는 세금은 부가가치세이고, 종합소득세는 신고·납부해야
합니다.

세알못   일반과세자로 사업자등록을 해야 할지, 간이과세자로 할
        지 헷갈립니다.

택스코디   그 전에 먼저 구분해야 할 것이 있습니다. 바로 과세, 면세
        입니다. 주변에서 흔히 볼 수 있는 대부분 사업은 부가가
        치세 과세사업입니다. 면세사업은 병원, 출판사, 학원처럼
        법에서 정한 몇몇 가지 사업입니다. 면세사업자가 면제되
        는 세금은 부가가치세이고, 종합소득세는 신고·납부해야
        합니다.

세알못   과세사업과 면세사업을 동시에 하는 경우에는요?

택스코디   과세사업과 면세사업을 겸영하는 사업자는 두 가지 사업
        자등록을 따로 하는 것이 아니라 하나의 과세사업자로 등
        록만 하면 됩니다. 다만, 이 경우 부가가치세 신고를 할 때
        는 면세사업 관련한 매입세액은 공제받지 못합니다.

본인이 세금면제를 받고 싶다고 해서 면세사업으로 신청할 수 있
는 것이 아닙니다. 본인 사업이 면세사업에 해당하지 않으면 과세사
업자가 되며, 그 안에서 다시 간이과세자와 일반과세자로 나뉩니다.

간이과세자는 주로 사업 규모가 영세한 사업자를 말합니다. 간이
과세자는 일반과세자가 납부하는 부가가치세의 15~40% 정도만 냅
니다. 또 연 매출이 4,800만 원 미만이면 아예 부가가치세 납부의무
가 면제되는 장점들이 있습니다. 그러나 환급금액이 발생해도 환급
을 받을 수 없습니다. 간이과세자가 되기 위한 요건은 다음과 같습니
다.

- 개인사업자만 가능하다.
- 1년간 매출액이 1억 400만 원 미만이어야 한다.
- 규모상, 지역상, 업종상 등의 이유로 간이과세를 미적용하는 사업이 아니어야 한다.

부가가치세가 부과되는 사업을 할 때는 일반과세자와 간이과세자 중 어느 하나로 사업자등록을 해야 하는데, 일반과세자와 간이과세자는 세금의 계산방법 및 세금계산서 발급 가능 여부 등에 차이를 두고 있으므로, 자기 사업에는 어느 유형이 적합한지를 살펴본 후 사업자등록을 해야 합니다.

세알못 아직 매출도 발생하지 않았는데, 바로 사업자등록을 해야 하나요?

택스코디 매출액 발생과 상관없이 사업개시일부터 20일 이내에 사업장 관할 세무서장에게 사업자등록을 해야 합니다.

사업자등록을 하지 않으면 사업자등록증이 없으므로 사업자등록 전 지출한 매입세액을 공제받지 못하게 됩니다. 또 사업자등록을 제때 하지 않으면, 다음과 같이 각종 가산세를 내야 합니다.

부가가치세 신고 시 납부해야 할 부가가치세에서 매입세액을 공제하고, 매입세액이 매출세액보다 많으면 환급받을 수도 있습니다. 처음 사업을 시작하면 사무실 인테리어, 비품, 임대료 등 각종 지출이 발생하게 됩니다. 이때 신용카드로 지불하거나, 세금계산서를 발급받게 됩니다. 지출한 금액에는 매입 부가가치세가 포함되어 있습니다. 부가가치세를 공제받으려면 사업자등록증이 반드시 있어야 합니다.

미등록 가산세	사업개시일부터 등록을 신청한 날의 직전일까지 공급가액 합계액의 1%	등록기한(사업개시일로부터 20일 이내)으로부터 1개월 이내 신청 시 가산세 50% 감면
무신고 가산세	내야 할 세액의 20%	6개월 이내 신고 시 가산세의 최대 50% 감면
납부지연 가산세	납부하지 않은 세액 × 0.022% × 애초 신고기한으로부터 경과일 수	
등록 전 매입세액 불공제	사업자등록 전 매입세액에 대해서는 불공제가 원칙	과세기간이 끝난 후 20일 이내 등록하면 해당 과세기간 매입세액은 공제 가능

PART

II

이 정도만 알아도
절세 고수
부가가치세

01

신고 기간 숙지는
절세의 기본이다

- 일반과세사업자, 간이과세사업자 모두 부가가치세 신고는 1년에 두 번이다.

이 문장은 X입니다. 결론부터 말하자면 일반과세사업자는 1년에 두 번 부가가치세 신고를 해야 하지만, 간이과세사업자는 1년에 한 번만 하면 됩니다.

부가가치세는 최종 소비자가 부담하는 세금이지만, 사업자가 신고하고 내야 합니다. 소비자가 매번 물건을 살 때마다, 혹은 서비스를 이용할 때마다 부가가치세를 떼어 신고·납부할 수 없습니다. 이런 이유로 사업자가 물건값에 부가가치세까지 포함해 받아뒀다가 신고 기간이 되면 몰아내는 방식입니다.

기본적으로 부가가치세는 1년에 2번의 과세기간이 있습니다. 그리고 3개월마다 예정신고, 납부기한이 있습니다. 개인사업자는 부가가치세 1기 (1월~6월)에 대한 확정신고를 7월 25일까지 하고, 2기 (7월~12월)에 대한 확정신고를 1월 25일까지 해야 합니다. 그리고 4월 25일, 10월 25일까지 예정고지 (직전 납부금액의 1/2을 고지)에 따른 납부를 해야 합니다.

법인사업자는 3개월에 한 번씩 중간정산 (예정신고)도 합니다. 법인사업자는 예정신고 시에도 확정신고와 마찬가지로 신고, 납부의무가 있으며 이에 대한 가산세 등이 확정신고와 동일하게 적용됩니다. 다음 표를 참고합시다.

구분	1기		2기	
	예정 (1/1 ~ 3/31)	확정 (1/1~6/30)	예정 (7/1~9/30)	확정 (7/1~12/31)
개인	고지	신고	고지	신고
법인	신고	신고	신고	신고

사업 규모가 영세한 사업자에게 부가가치세 역시 부담이 될 수 있습니다. 이런 부담을 덜 수 있도록 한 제도가 간이과세제도입니다. 여기서 간이(簡易)라는 말은 '간단하고 편리하게 세금을 낼 수 있다'

라는 뜻입니다.

부가가치세는 세율이 10%이지만, 간이과세사업자는 업종별로 정해진 부가가치율을 적용해서 1.5~4%의 낮은 세율로 세금을 계산됩니다. 다음 표를 참고합시다.

간이과세 사업자 업종별 부가가치율

업종	부가가치율
소매업, 재생용 재료수집 및 판매업, 음식점업	15%
제조업, 농·임업 및 어업, 소화물 전문 운송업	20%
숙박업	25%
건설업, 운수 및 창고업 (소화물 전문 운송업 제외), 정보통신업	30%
금융 및 보험 관련 서비스업, 과학 및 기술 서비스업, 사업시설관리·사업지원 및 임대서비스업, 부동산 관련 서비스업, 부동산임대업	40%
그 밖의 서비스업	30%

매출이 적은 사업체의 경우, 1년에 2번 부가가치세 10%를 신고·납부하는 것마저도 어려워하는 사업체가 많습니다. 간이과세 사업자 제도는 부가가치세 감면 및 매출 합계금액을 1년에 한 번만 신고할 수 있도록 하는 특례로 납세의무가 줄어들기 때문에 영세자영업자는 이 제도가 많은 도움이 됩니다.

간이과세자는 연 매출액 합계액이 4,800만 원 미만일 때에 해당했으나, 2021년 1월 1일부터는 코로나 등의 이유로 매출 기준금액이 8,000만 원 미만인 경우로 올랐고, 다시 2024년 7월 1일부터 1억 400

사업자가 꼭 알아야 할 절세의 전략

만 원으로 상향됐습니다. 또 간이과세자의 납부 면제 기준금액도 연 3,000만 원 미만에서 4,800만 원 미만으로 변경되어 간이과세자의 폭이 좀 더 넓어졌습니다.

다만 업종과 지역, 면적에 따라 제외될 때도 있습니다. 업종별로는 광업, 제조업, 도매업, 부동산매매업, 사업서비스업 일부(변호사, 변리사, 법무사, 공인회계사, 세무사, 의사, 약사 등)는 간이과세로 사업자 등록을 할 수 없습니다.

지역 기준은 전국 세무서 관할구역 별로 발표됩니다. 주로 상가 지역이나 대형 쇼핑몰, 호텔 등이 포함된 건물과 상가가 간이과세 배제지역으로 구분됩니다. 평소보다 장사가 잘 되는 곳이나 신축 등으로 번화가로 바뀐 곳은 간이과세 배제지역으로 묶이고, 그 반대인 곳은 제외되는 식이기 때문에 매년 국세청 고시기준을 확인하는 것이 매우 중요합니다.

창업단계에서는 직전연도 매출자료가 없으므로 매출과 무관하게 간이과세로 시작할 수 있습니다. 하지만 매출이 발생하고, 해당 매출을 1년 단위로 환산해서 1억 400만 원 이상이 되면 일반과세로 전환됩니다. 물론 환산 매출이 1억 400만 원 미만이면 계속해서 간이과세로 남게 됩니다.

02

사업자등록 전 지출한 비용도
부가가치세 매입세액공제 가능할까?

· 사업자등록 전이더라도 사업을 위해 지출한 비용은 부가가
치세 매입세액공제가 가능하다.

이 문장은 O입니다. 대부분 창업자는 사업자등록 전 기구·비품 등을 구매합니다. 다행히 세법에서는 과세기간 종료일 (상반기: 6월 30일, 하반기: 12월 31일)부터 20일 이내에 사업자등록을 신청하면 해당 과세기간의 사업자등록 전 매입세액은 공제 가능하다는 조항이 있습니다

사업자가 꼭 알아야 할 절세의 전략

초보 사업자 대부분은 돈을 버는 것에만 신경 쓰고, 벌기 위해 지출한 돈에 관한 증빙을 챙기는 것에는 관심이 없습니다. 아르바이트를 고용해 인건비를 지출하고도 직원등록을 하지 않아 비용으로 인정이 되지 않고, 권리금을 수천만 원 지급했어도 감가상각해 비용처리가 가능하다는 사실을 모릅니다. 이렇게 아무 생각 없이 사용하고 증빙 처리되지 않은 비용은 고스란히 세금으로 돌아옵니다.

적격증빙 (세금계산서, 신용카드매출전표, 지출증빙 현금영수증 등)을 챙겨놓으면 부가가치세 매입세액공제도 가능하고 종합소득세 필요경비 처리도 가능합니다. 그런데 부득이한 사정으로 적격증빙을 수취하지 못하였다면 간이영수증 같은 소명용증빙이라도 꼭 챙겨놓아야 종합소득세 필요경비 처리라도 할 수 있습니다.

세알못　건물주가 간이과세사업자라 세금계산서를 발급받을 수 없습니다. 따라서 부가세 매입세액공제는 불가능하다는 것은 알고 있습니다. 종합소득세 필요경비 처리를 하기 위해선 소명용증빙을 어떻게 갖춰야 하나요?

택스코디　세금계산서를 받지 못해 부가가치세 매입세액공제는 불가능하지만, 임대차계약서와 건물주 명의로 지급한 월세 계좌이체 내역이 있으면 종합소득세 신고 시 필요경비 처리는 가능합니다.

세알못　아르바이트 직원을 고용하고 원천세 신고를 안 했습니다. 이럴 때는 어떻게 해야 하나요?

택스코디　먼저 인건비는 부가가치세 매입세액공제는 불가능하고 종합소득세 신고 시 경비처리만 가능합니다. 근로계약서, 입금 내역 등의 증빙을 갖춰놓으면 경비처리가 가능합니다.

세알못 권리금을 지급하고 세금계산서는 발급받지 않았습니다.

택스코디 세금계산서를 받지 못해 부가가치세 매입세액공제는 불가능하지만, 인수약정서(포괄양도계약서), 입금 내역 등의 증빙이 있으면 종합소득세 신고 시 5년간 감가상각해 비용처리가 가능합니다.

세알못 인테리어를 하고 세금계산서를 받지 못했습니다.

택스코디 세금계산서를 받지 못해 부가가치세 매입세액공제는 불가능하지만, 견적서 입금 내역 등으로 종합소득세 신고 시 감가상각해 비용처리가 가능합니다.

부가가치세는 다음과 같이 매출세액(번 돈)에서 매입세액(벌기 위해 쓴 돈)을 빼는 공식으로 계산합니다. 만약 부가가치세가 많이 나왔다면 번 돈과 비교해 벌기 위해 쓴 돈이 적거나, 또는 벌기 위해 돈을 썼지만, 적격증빙을 수취하지 못해 부가가치세 신고 시 매입세액공제를 받을 수 없었기 때문입니다.

> • 부가가치세 = 매출세액 - 매입세액

세알못 사업자등록 전 커피 머신부터 구매했습니다. 이럴 때는 어떻게 준비해야 세금 처리할 수 있나요?

사업자가 꼭 알아야 할 절세의 전략

택스코디 대부분 창업자는 사업자등록 전 기구·비품 등을 구매합니다. 다행히 세법에서는 과세기간 종료일 (상반기: 6월 30일, 하반기: 12월 31일)부터 20일 이내에 사업자등록을 신청하면 해당 과세기간의 사업자등록 전 매입세액은 공제 가능하다는 조항이 있습니다.

예를 들어 7월 1일부터 12월 31일까지 사업을 위한 비용을 지출하고 다음 해 1월 20일 전까지 사업자등록을 신청하면 사업자등록 전 사용한 비용도 매입세액공제가 가능하다는 말입니다.

다만 매입세액공제를 적용받기 위해서는 반드시 적격증빙이 필요합니다. 다시 말해 세금계산서를 발급받아야 합니다.

세알못 그런데 사업자등록이 없을 때는 어떻게 세금계산서를 받을 수 있나요?

택스코디 이럴 때는 세금계산서 공급받는 자에 본인 이름을 적고, 사업자등록번호는 본인 주민등록번호를 적어 발급받으면 됩니다. 그리고 사업자등록이 끝난 후 이를 사업자 명의로 전환하면 됩니다. 홈택스에 접속해 다음 경로를 따라가면 됩니다.

> • 홈택스 로그인 → 조회/발급 → 주민번호 수취분 전환 및 조회

03

오픈마켓과 판매(결제) 대행업체 결제 내역 꼼꼼히 챙기자

· 쿠팡에서 산 사업용 비품, 사업용 카드로 구매하면 자동으로 부가가치세 매입세액공제가 가능하다.

이 문장은 X입니다. 결론부터 말하자면 2024년부터 부가가치세 신고 시 오픈마켓과 결제 대행업체 결제 내역을 '공제대상'에서 '선택불공제'로 바꿨기 때문에, 불공제를 공제로 바꿔야 부가가치세 매입세액공제가 가능합니다.

대부분 사업자는 세무사를 써야만 절세할 수 있다고 생각하는데, 절세는 적격증빙을 잘 수취하기만 해도 저절로 됩니다. 그런데 적격증빙이 무엇인지도 모르고, 세금에 관해 관심이 없는데, 단순히 세무사에게 맡기고 있다는 사실만으로 세금이 줄어들까요? 계속 강조하지만, 모르고 맡기는 것과 알고 맡기는 것은 큰 차이가 있습니다.

앞장에서 말한 사업용 카드 (홈택스에 등록한 사업자 명의의 카드)는 하나만 쓰는 것을 권합니다. 이 카드만 사업용 지출에 사용해야 부가가치세 신고가 편합니다. 부가가치세 신고를 직접 해보면 알겠지만, 홈택스에 등록된 카드의 공제, 불공제를 확인하는 과정이 필요합니다. 홈택스가 모든 것을 자동으로 처리하지 않기 때문입니다. 사업용 지출이라 분명히 공제 처리가 되어야 할 부분이 불공제로 표기되어 있다면 공제로 바꿔야 합니다.

만약 여러 개의 카드를 등록하고 사업용 지출과 개인용 지출이 뒤죽박죽 섞여 있다면, 공제와 불공제를 확인하는 과정이 아주 번거로운 일이 됩니다.(과연 고용한 세무대리인이 이런 번거로운 일마저 대행해 줄까요?)

음식점을 하고 있다면 식자재 역시 홈택스에 등록한 신용카드를 쓰는 것을 추천합니다, 부가가치세 신고 시 홈택스에 들어가서 확인해 보면 식자재는 거의 불공제로 처리된 것을 확인할 수 있습니다. 그 이유는 식자재는 면세이기 때문입니다. 이럴 때는 의제매입세액 공제를 받아 부가가치세를 줄일 수 있습니다. 따라서 음식점을 하는 사업자는 면세 식품 구입 전용 카드 하나를 별도로 사업용 카드로 등록하면 좋습니다.

세알못 음식점을 운영하고 있습니다. 최근 부가가치세 신고를 앞두고 예상세액을 확인하다 깜짝 놀랐습니다. 지난 하반기 매출이 1년 전과 비교해 20%가량 줄었는데도, 오히려 부가가치세가 더 많이 나왔기 때문입니다. 그 이유는 쿠팡 같은 오픈마켓 등에서 구매한 식자재와 부자재 등의 지출 내역이 부가가치세 신고 시 공제되지 않아서였습니다.

택스코디 앞으로 오픈마켓과 판매(결제) 대행업체 결제 내역을 꼼꼼히 챙기지 않으면 세알못 씨 같이 부가가치세 폭탄을 맞을 수 있습니다.

그 이유는 2024년부터 부가가치세 신고 시 오픈마켓과 결제 대행업체 결제 내역을 '공제대상'에서 '선택불공제'로 바꿨기 때문입니다. 여기서 선택불공제란 일단 업무와 무관한 비용으로 간주하고, 사업 용도로 사용한 경우에 공제로 변경처리가 가능한 항목을 말합니다. 다시 말해 자동 공제 대상서 제외돼 납세자가 공제대상임을 일일이 입증해야 한다는 의미입니다.

다시 말하지만, 부가가치세는 매출세액 (매출액의 10%)에서 매입세액 (영업 활동에 이용한 각종 매입액에 대한 부가가치세 10%)를 공제하는 방식으로 계산합니다. 여기에 농·수산물은 원래 부가가치세가 부과되지 않는 면세 상품이지만, '의제매입세액공제'를 통해 매입액의 일정 비율을 공제해줍니다.

사업자가 꼭 알아야 할 절세의 전략

문제는 온라인을 통한 원자재 구매가 크게 많아지는 상황에서 과세당국이 네이버와 쿠팡 등 오픈마켓 등을 통한 결제 내역에 대한 입증책임을 납세자에게 떠넘겼다는 것입니다. 2023년 신고까지만 해도 사업용 신용카드의 사용 내역을 국세청이 판단해 공제·불공제 여부를 결정했지만, 이제는 모두 불공제 처리합니다. 따라서 사업자는 선택불공제로 분류된 지출 내역에 대한 증빙자료를 일일이 준비해 소명해야 공제 혜택을 받을 수 있습니다. 2024년부터 부가가치세 신고 대상자는 반드시 공제와 불공제 내역을 꼼꼼하게 확인해야 합니다.

04

신용카드 매출전표 등 발행세액공제, 똑바로 이해하자

· 부가가치세 산출세액이 200만 원이고, 신용카드 매출전표 등 발행세액공제금액이 300만 원이면 100만 원 환급받을 수 있다.

 |

이 문장은 X입니다. 결론부터 말하자면 신용카드매출세액공제로 인해 납부할 세액이 마이너스가 될 때는 환급이 발생하는 것이 아니라, 그 마이너스 금액을 0으로 봅니다. 즉 신용카드매출세액공제는 납부세액에서 차감하여 공제받을 수 있는 것이므로, 납부세액이 없다면 공제 자체가 불가능합니다. 따라서 신용카드매출세액공제로 인해 마이너스(-) 금액이 나오더라도, 환급을 받을 수 없다는 말입니다.

사업자가 꼭 알아야 할 절세의 전략

'신용카드 매출전표 등 발행세액공제'란 부가가치세가 부과되는 재화 및 용역을 공급하고 신용카드 혹은 현금영수증들을 이용하여 발행하거나 전자적 결제수단 등으로 고객에게 대금을 받는 경우, 부가가치세 신고·납부 시 일정 금액을 세액공제 받는 것을 말합니다.

세알못　대상은 누구인가요?

택스코디　주로 사업자가 아닌 자(최종소비자)에게 재화와 용역을 공급하는 사업으로써 대통령령으로 정하는 사업을 하는 사업자를 말합니다.

구체적으로 신용카드 매출전표 등 발행세액공제는 개인사업자(개인사업자 중 공급가액 10억 이하인 사업자만 대상) 중 소매업, 음식점업, 숙박업, 미용, 욕탕 및 유사 서비스업 등 거래상대방이 사업자가 아니라 주로 소비자인 경우로 한정됩니다.

하지만 최종소비자가 아닌 사업자에게 재화와 용역을 주로 공급하는 제조업 같은 경우는 신용카드 매출전표 등 발행세액공제 적용이 불가능합니다. 예를 들어 음료 제조업, 일반 빵집, 제과점 등도 신용카드 발행세액공제 대상 업종이 아니므로 공제적용 시 주의해야합니다. (하지만 제조업이더라도 도정업 등의 떡방앗간이나 양복·양장·양화점, 자동차 제조업 등은 신용카드 매출전표 등 발행세액공제 적용이 가능합니다.)

세알못　그럼 세액공제는 얼마나 해주나요?

택스코디　먼저 세액공제율은 다음과 같습니다.

• 일반사업장 : 2026년까지 공급대가의 1.3%, 연간 한도 1,000만 원

한도가 있는 만큼 한도액 안에서 부가가치세 부담을 최소화하는 절세 전략을 찾아야 합니다. 만약 상반기 부가가치세 신고 시 한도액만큼 신용카드 매출전표 등 발행세액공제를 받는다면, 하반기 부가가치세 신고 시 부가가치세 압박이 있을 수 있으므로 신용카드 매출전표 등 발행세액공제에 대해서도 한 번 더 확인하고 공제받아야 합니다.

그리고 신용카드매출세액공제로 인해 납부할 세액이 마이너스가될 때는 환급이 발생하는 것이 아니라, 그 마이너스 금액을 0으로 봅니다. 즉 신용카드매출세액공제는 납부세액에서 차감하여 공제받을수 있는 것이므로, 만약 납부세액이 없다면 공제 자체가 불가능합니다. 따라서 신용카드매출세액공제로 인해 마이너스(-) 금액이 나오더라도, 환급을 받을 수 없다는 말입니다.

정리하면 의제매입세액공제나 대손세액공제에 의해서는 환급세액이 발생할 수 있으나, 신용카드매출세액공제에 대해서는 환급세액이 발생할 수 없다는 사실을 주의해야 합니다.

여기서 잠깐! 간이과세자로 사업자를 내면 부가가치세가 없다는 말을 자주 들어봤을 겁니다. 그 이유는 두 가지입니다. 먼저 연 매출 4,800만 원 이하인 간이과세자는 부가가치세 납부의무가 면제됩니다. 또 다른 이유는 바로 이번 장에서 말한 신용카드 매출전표 등 발행세액공제가 적용되어서인데, 다음 사례를 살펴봅시다.

간이과세자이며 업종은 전자상거래업이고, 매출 5천만 원은 모두

신용카드 매출이고, 매입은 3천만 원이라고 가정해 봅시다. 간이과세자 부가가치세 계산은 다음과 같습니다.

- 부가가치세(간이과세자) = 납부세액(공급대가 × 업종별 부가가치율 × 10%) - 공제세액(매입금액 × 0.5%) = (5천만 원 × 업종별 부가가치율 15% × 10%) - (3천만 원 × 0.5%) = 750,000원 - 150,000원 = 500,000원

여기서 매출 5천만 원은 신용카드 매출이므로, 다음과 같이 신용카드매출세액공제 1.3%가 적용됩니다.

- 신용카드 매출전표 등 발행 세액공제 = 5천만 원 × 1.3% = 650,000원

따라서 최종 납부해야 할 부가가치세를 계산해보면 다음과 같습니다.

- 산출세액 500,000원 - 신용카드 매출전표 등 발행세액공제 650,000원 = -150,000원

다시 강조하지만, 신용카드매출세액공제로 인해 납부할 세액이 마이너스가 될 때, 다시 말해 환급이 발생할 때는 그 마이너스 금액을 0으로 봅니다. 따라서 최종 부가가치세는 0원이 됩니다.

세알못   G마켓을 통해 온라인판매도 겸하고 있습니다. G마켓을 통해 고객이 카드 결제를 해도 신용카드 매출전표 등 발

행세액공제를 적용받을 수가 있나요?

택스코디 네. 가능합니다. 매장에서 이뤄지는 신용카드 결제는 보통 VAN사를 이용하므로 문제가 없습니다. 그리고 온라인 쇼핑몰의 경우 여신전문금융업법 결제대행업체로 등록된 곳이라면 신용카드 매출전표 등 발행세액공제를 적용받을 수 있습니다.

예를 들어 11번가, G마켓, 옥션, 스토어팜은 결제대행업체로 등록되어 있어 신용카드매출세액공제가 가능합니다.

05

간이과세가 일반과세보다
무조건 유리하다?

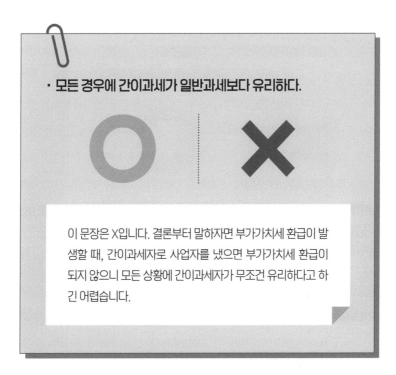

· 모든 경우에 간이과세가 일반과세보다 유리하다.

이 문장은 X입니다. 결론부터 말하자면 부가가치세 환급이 발생할 때, 간이과세자로 사업자를 냈으면 부가가치세 환급이 되지 않으니 모든 상황에 간이과세자가 무조건 유리하다고 하긴 어렵습니다.

다시 강조하지만, 부가가치세는 다음과 같이 매출세액에서 매입세액을 빼서 계산합니다. 여기에서 음수의 금액이 발생하면 그 금액만큼 환급을 받게 됩니다. 단, 면세사업자는 부가가치세 납부의무가 없으므로 따로 환급을 받을 수 없습니다.

- 부가가치세 = 매출세액 - 매입세액, (매출액 × 10% = 매출세액, 매입액 × 10% = 매입세액)

세알못 사업자등록을 앞두고 있습니다. 처음에 인테리어 비용이나 프랜차이즈 계약금이 상당 비용 들어도 일반과세 사업자가 아닌 간이과세 사업자로 등록하는 게 나은지 헷갈립니다. 당장 오픈한다고 하더라도 매출이 금세 오를 것 같지 않습니다. 어떤 유형으로 등록하는 게 좋은지 고민입니다.

택스코디 사업자등록을 앞두고 사업자 유형을 선택하는 데 있어 고민하는 사업자가 많은데, 어떤 기준을 가지고 어떻게 선택하면 좋은지 살펴봅시다.

요즘은 부업도 많이 하는 시대이기 때문에, 별도의 임대료나 사업 초기비용이 많이 들지 않는 사업을 할 때는 대부분 간이과세 사업자가 유리합니다.

이때 주의할 점은 간이과세 사업자는 부가가치세 환급이 안 된다는 점입니다. 사업 초창기에 인테리어 등으로 많은 금액을 지출하는 경우에는 매출은 거의 발생하지 않았는데, 매입비용은 클 수밖에 없습니다. 이때에는 보통 매입 세금계산서 등으로 인해서 환급이 나오

사업자가 꼭 알아야 할 절세의 전략

는 경우가 많습니다. 그런데 간이과세자로 사업자를 냈으면 부가가치세 환급이 어렵다 보니 모든 상황에 간이과세자가 무조건 유리하다고 하긴 어렵습니다.

그리고 유튜브 광고 매출은 해외 수입으로 '영세율 (0의 세율)'이 적용됩니다. 그러므로 '매출액 × 0% = 0원', 따라서 내야 하는 부가가치세는 발생하지 않는 구조입니다. 따라서 매입세액이 발생하면 무조건 환급이 되는 구조입니다. 결론부터 말하자면 영세율 적용 사업자 역시 간이과세보다 일반과세가 유리합니다. 일반과세 사업자인 유튜버의 부가가치세 계산법은 다음과 같습니다.

• 부가가치세 = 매출세액 (매출액×0%) - 매입세액 (매입액×10%)

세알못   일반과세사업자 유튜버입니다. 과세기간 매출액은 5천만 원이고, 사업에 관련한 경비를 1,100만 원(세금계산서 수취분) 사용했습니다. 부가가치세는 얼마를 환급받나요?

택스코디   다음과 같습니다.

• 매출세액 (영세율) = 5,000만 원 × 0% = 0원
• 매입세액 = 매입액 × 10% = 1,000만 원 × 10% = 100만 원
• 부가가치세 = 매출세액 - 매입세액 = -100만 원,
   따라서 환급세액: 100만 원

유튜버가 일반과세 사업자로 사업자등록을 하면 카메라, 마이크,

컴퓨터 등 기타 촬영에 필요한 물건 구매 시 10%의 매입세액을 환급받을 수 있습니다. 유튜브뿐만 아니라 구글 애드센스 광고를 통해 수익이 발생하는 사람이라면 꼭 일반과세 사업자로 사업자등록을 해서 부가가치세를 환급받는 것이 유리합니다. (간이과세사업자는 환급이 발생해도 환급을 받을 수 없으니 주의해야 합니다.)

그리고 이때 신고하는 매출은 영세율이 적용돼서 부가가치세는 내지 않지만, 이때 신고하는 매출은 결과적으로 1년 소득이 돼서 다음 해 종합소득세 신고 시 기준이 된다는 점은 꼭 알아 둬야 합니다.

06

간이과세사업자가 1억 400만 원을 초과하면 일반과세사업자로 전환된다

· 1년간 매출이 1억 400만 원을 초과하면 일반과세사업자로 전환 신청을 꼭 해야 한다.

이 문장은 X입니다. 결론부터 말하자면 연 매출액이 1억 400만 원이 넘었다면 다음 해 7월 1일부터 일반과세 사업자로 전환됩니다. 간이과세 사업자에서 일반과세 사업자로의 전환은 보통 세무서에서 통지서를 발송하며 매출액에 따라 자동으로 변경됩니다. 대부분 국세청에서 일반과세전환통지 우편물이 오지만 우편물을 받지 못한 경우에도 7월 1일을 기준으로 자동 전환됩니다.

세알못   일반과세 사업자로 전환되려면 연 매출이 얼마나 돼야 하나요?

택스코디   간이과세 사업자와 일반과세 사업자의 연 매출 기준은 2024년부터 1억 400만 원입니다. 따라서 전년도 간이과세 사업자였고 연 매출이 1억 400만 원 미만이면 그대로 간이과세 사업자가 유지되지만, 연 매출액이 1억 400만 원이 넘었다면 당해 7월 1일부터 일반과세 사업자로 전환됩니다. 간이과세 사업자에서 일반과세 사업자로의 전환은 보통 세무서에서 통지서를 발송하며 매출액에 따라 자동으로 변경됩니다. 대부분 국세청에서 일반과세전환통지 우편물이 오지만 우편물을 받지 못한 경우에도 7월 1일을 기준으로 자동 전환됩니다.

예외적으로 과세 유흥장소 및 부동산임대업은 연매출금액 4,800만 원 미만으로 기존과 동일하게 유지되어 지난해 신고 매출이 4,800만 원 미만일 때만 계속해서 간이과세자가 유지되고, 4,800만 원이 넘어가면 일반과세 사업자로 전환됩니다.

세알못   현재 간이과세 사업자로 운영 중이고 신규로 간이과세사업자를 하나 더 발급받았습니다. 이런 경우에는 두 개의 사업장 매출을 합산해서 적용하나요?

택스코디   부가가치세법 시행령 109조 11항에 따라 두 개 이상 간이과세사업장이 있는 경우에는 각 사업장의 매출을 더한 합산 매출이 1억 400만 원을 초과하면 두 사업장 모두 일반과세 사업자로 전환됩니다.

세알못   일반과세 사업자로 등록했는데, 다시 간이과세 사업자로 변경할 수 있나요?

택스코디   일반과세 사업자로 등록 이후 간이과세자가 되기 위해서는 연 매출 신고금액에 따라 일부 업종을 제외하고 1억 400만 원 미만이면 자동으로 그다음 해 7월 1일부터 간이과세 사업자로 자동 전환이 되기 때문에 선택사항은 아닙니다.

반대의 경우는 선택 가능합니다. 처음에 간이과세 사업자로 사업자를 냈다가 세금계산서 발행의 불편함이나 환급 등의 이유로 간이과세 포기 신청을 할 수 있습니다. 이때는 세무서 등을 방문해서 간이과세 포기신청서를 작성하면 포기신고를 한 달의 다음 달 1일부터 일반과세 사업자로 전환됩니다.

이때 주의할 점은 간이과세 포기신고를 하면 3년간은 간이과세자가 될 수 없는 제한 기간이 있다는 사실입니다. 그러니 사업자 유형 선택에 있어서 자신의 사업 계획을 인지하고 신중하게 결정할 필요가 있습니다.

세알못   카페를 운영하고 있습니다. 국세청으로부터 사업장이 일반과세 사업자에서 간이과세 사업자로 바뀐다는 통지를 받았습니다. 그런데 일반과세일 때 인테리어 비용을 부가가치세 환급받은 사실이 있어 재고납부세액이라는 것으로 400만 원을 내야 한다고 합니다. 무슨 말인가요?

택스코디　일반과세 사업자가 매출이 하락해 간이과세 사업자로 전환되는 경우도 가끔 있습니다. 간이과세 사업자로 바뀌면 부가가치세 신고 시 세금이 제법 줄어들기 때문에 좋을 수 있습니다.

　하지만 일반과세 사업자일 때 고정자산 취득으로 인해 부가가치세 매입세액공제를 받았거나, 공제받았던 재고품이 간이과세자 변경 당시 남아있다면 이로 인해 재고납부세액이라는 세금을 내야 합니다. 쉽게 말해 일반과세 사업자는 부가가치세 전액을 공제받을 수 있는데, 간이과세자는 부가가치세 중 5%만 공제받을 수 있으므로 일반과세 사업자로 공제받았던 부가가치세 중 95%를 다시 과세당국에 돌려달라는 것으로 이해하면 됩니다.

세알못　무슨 말인지 이해했습니다. 그럼 재고납부세액 계산은 어떻게 하나요?

택스코디　재고납부세액은 이렇게 간이과세자로 전환되고도 수익을 창출할 수 있는 고정자산과 재고에 대해서만 과세하며, 그 계산법은 다음과 같습니다.

· 재고품: 재고품의 부가가치세 × 10/110 × 95%
· 건물 또는 구조물: 공제받은 부가가치세 × (1 - 5%) × 경과한 과세기간 수 × 10/110 × 95%
· 그 밖의 감가상각 자산: 공제받은 부가가치세 × (1 - 25%) × 경과한 과세기간 수 × 10/110 × 95%

　　　　　　　　　　　　　　　　　사업자가 꼭 알아야 할 절세의 전략

세알못   '경과한 과세기간 수'는 무엇을 말하는 건가요?

택스코디   공제받은 날이 속하는 부가가치세 과세기간부터 일반과
세 사업자로 신고하는 마지막 과세기간까지의 수를 말합
니다.

예를 들어 2023년 상반기 부가가치세 신고 시 2023년 3월 1일 세
금계산서를 수취한 인테리어 비용에 대해 공제받았고, 2024년 하반
기부터 간이과세자를 적용받았다면 경과한 과세기간 수는 2023년
상반기와 하반기 그리고 2024년 상반기까지 총 3이 됩니다.

세알못   이렇게 예상치 못한 재고납부세액이 생길 때, 좋은 방법은
없나요?

택스코디   이때도 앞에서 말한 '간이과세 포기신고'를 하면 됩니다.
간이과세 포기신고를 통해 일반과세 사업자로 남는다면
재고납부세액을 내지 않아도 됩니다. 물론 간이과세 사업
자를 적용받으면 향후 부가가치세 납부세액이 적어지는
것을 고려해 더 유리한 쪽으로 선택하면 됩니다.

07

조기환급 신청으로
사업 초기 유동성을 해결하자

· 조기환급을 받으려는 사업자는 신고 기간 전이라도 매월 또는
매 2월분을 신고하거나 예정신고가 가능하다.

이 문장은 O입니다. 조기환급제도를 활용하면 신고납부기한
까지 기다리지 않고, 사업자는 신고 기간 전이라도 매월 또는
매 2월분을 신고해 일찍 환급받을 수 있습니다.

사업자가 꼭 알아야 할 절세의 전략

창업하면 여러 가지 비용을 지출하는데 임차비용, 인테리어·시설 비용 등이 대표적입니다. 특히 창업 초기에 비용 지출이 많을 때 사업자의 사업자금 융통에 도움이 될 수 있도록 냈던 세금을 조금 더 일찍 돌려주는 제도가 있는데 바로 '조기환급 제도'입니다.

부가가치세는 소비자가 물건이나 서비스값의 10%를 부담하는 소비세입니다. 사업자는 소비자가 부담한 부가가치세를 대신 받아 국세청에 전달하는 역할을 합니다. 하지만 10%에 해당하는 세금 전부를 전달하진 않습니다. 사업자도 사업자인 동시에 소비자로서 사업에 관련된 비용을 지출하기 때문에 다른 사업자에게 낸 부가가치세를 제외하고 내야 합니다.

부가가치세 계산 시 사업자는 매출세액에서 전 단계에서 부담한 매입세액을 뺀 나머지 세액만 납부하면 됩니다. 이를 전단계세액공제법이라고 합니다.

전단계세액공제법을 채택하고 있는 부가가치세법에서 세금계산서는 납부세액 (매출세액 - 매입세액)을 계산하는 데 있어서 필수적인 증빙서류입니다. 즉 세금계산서 없이는 사업자가 전 단계에서 부담한 매입세액을 정확하게 파악하고 계산하기가 어려우므로, 잘 정비된 세금계산서 제도 없이는 전단계세액공제법을 유지하기가 거의 불가능하다고 할 수 있습니다.

사업자가 원재료비나 원가를 부담하면서 낸 부가가치세를 '매입세액'이라고 하고, 소비자에게 판매하면서 받은 부가가치세를 '매출세액'이라고 합니다. 즉, 매출세액에서 매입세액을 빼고 남은 금액에 대해 국세청에 신고하고 세금을 내는 것입니다. 그런데 매입세액보다 매출세액이 많을 때가 있습니다. 개인사업자 부가가치세 신고는 6개월을 기준으로 끊어 신고하고 내야 하는데 기간 동안 사업자가 준비한 물건이나 서비스가 잘 팔리지 않아 매출이 없거나 적자가 난 경우, 다시 말해 번 돈이 없어서 낼 부가가치세(매출세액)는 없는데 이것저것 지출이 많아 낸 부가가치세(매입세액)가 있는 경우에는 부가가치세를 환급받게 됩니다.

특히 이제 막 창업을 시작한 경우라면 사무실 인테리어 비용 등 원가에 포함되는 부가가치세 매입세액이 많은데, 이때 조기환급제도를 활용하면 신고납부기한까지 기다리지 않고 일찍 환급받을 수 있습니다.

세알못 그렇다면 조기환급은 누구나 받을 수 있나요?

택스코디 환급 조건이 좋은 만큼 모두에게 부가가치세 조기환급 기회가 주어지진 않습니다. 세법에서는 다음처럼 조기환급 대상을 제한하고 있기 때문입니다.

- 사업 설비를 신설·취득·확장하는 경우
- 영세율을 적용받는 경우
- 사업자가 재무구조개선계획을 이행 중인 경우

실무적으로는 사업 설비 신설·취득·확장·증축하는 경우와 영세율을 적용받는 경우가 조기환급의 주요 대상이 됩니다.

먼저 사업 설비를 신설·취득·확장하는 경우 사업 설비는 사업에 직접 사용하는 자산으로서 감가상각이 되는 걸 말하는데, 인테리어 공사, 사무실 또는 업무용 차량 매입 내역에 대해 부가가치세 조기환급이 가능합니다.

조기환급을 받으려면 부가가치세 신고 시 '건물 등 감가상각자산 취득명세서'를 첨부해 증명해야 합니다. 단 사업에 직접 사용하는 범위 안에서만 조기환급이 가능하므로 사업 운영 목적이 아니라 단순 투자목적으로 매입한 부동산은 조기환급 대상에서 제외됩니다.

사업자가 영세율을 적용받는 경우는 수출사업자가 대표적입니다. 수출품에 부과되는 부가가치세는 수입국에서 징수하는 게 원칙이기 때문에 수출품에는 부가가치세를 0%의 세율로 적용해 부과하지 않습니다. 반면 수출사업자가 제품을 만들기 위해 수입 원재료를 매입할 때 부담했거나 기타 국내에서 부담한 부가가치세는 환급 대상이 됩니다.

신고 기간 단위별로 영세율의 적용대상이 되는 과세표준이 있는 때만 환급 가능하며, 일반과세자 부가가치세 신고서에 '영세율 등 조기환급'을 신청해 증빙서류와 함께 제출하면 됩니다.

재무구조개선계획을 이행한 경우에는 조기환급기간, 예정신고기간 또는 과세기간의 종료일 현재 재무구조개선계획을 이행 중인 상황에만 조기환급을 받을 수 있습니다. 조기환급을 위해서는 신고할 때 '재무구조개선계획서'를 첨부해 신고하면 됩니다.

부가가치세 조기환급은 예정신고기간 또는 과세기간 최종 3개월 중 매월 또는 매년 2월에 조기환급 기간이 끝난 날부터 25일 이내에 과세표준과 환급세액을 관할 세무서장에 신고하면 됩니다. 예를 들어, 1월에 시설 투자로 인해 환급세액이 발생하는 경우라면, 1월분만을 2월 25일까지 조기환급 신고하거나, 1~2월분을 합치어 3월 25일까지 조기환급 신고할 수 있습니다. 또한, 1~3월분을 합쳐 예정신고 기간인 4월 25일까지 신청할 수도 있습니다.

세알못 그럼 조기환급신고를 하면 환급금은 언제 받을 수 있나요?

택스코디 환급은 사업용 계좌를 통해 이뤄지는데, 신고서를 작성할 때 환급받는 계좌를 입력하는 칸이 있습니다. 여기에 입력된 계좌로 환급금은 입금됩니다.

가령 정기신고 때 환급이 발생했다면, 다시 말해 1월에서 6월까지 1기 부가가치세 확정신고를 7월 25일까지 했다면, 이날로부터 한 달 이내에 환급이 이뤄집니다.

하지만 조기환급신고는 신고기한 이후 15일 이내에 신고서를 제출한 세무서에서 환급을 결정하고 입금합니다. 정기신고와 비교해 조금 더 빨리 환급받을 수 있습니다.

부가가치세 조기환급은 제한적으로 주어지는 혜택이기 때문에 사업자가 조기환급을 신청하는 경우 국세청이 관련 증빙을 꼼꼼하게 검토합니다.

이런 조기환급신고 제도를 활용하면 창업 초기 인테리어 비용 등에 대해 부가가치세를 빨리 돌려받을 수 있는 동시에 신고 기간이 단축돼 신용카드매출세액공제 또한 놓치지 않을 수 있어 혜택이 큰 제도입니다. 다만 혜택이 큰 만큼 고정자산 매입비용에 대한 계약서 및 송금 내역 등의 증빙이 확실해야 하는 제도이므로 관련 자료를 확실히 마련해 진행해야 합니다.

PART

III

이 정도만 알아도
절세 고수
종합소득세

01

종합과세하는 소득부터
바르게 이해하자

· 분류과세하는 양도소득, 퇴직소득을 포함해 모든 소득의
합계를 기준으로 신고 납부하는 세금이 종합소득세다.

이 문장은 X입니다. 결론부터 말하자면, 이자·배당·사업·근
로·연금·기타소득은 종합과세하지만, 퇴직소득과 양도소득은
종합과세하지 않고 따로 분류과세합니다.

사업자가 꼭 알아야 할 절세의 전략

개인이 경제 활동의 대가로 얻은 소득에 대해 내는 세금이 바로 소득세입니다. 근로소득세, 사업소득세를 포함해 우리가 내야 하는 소득세의 종류는 9가지나 됩니다.

세알못   소득세에는 어떤 것들이 있고 어떤 방식으로 세금이 매겨 지나요?

택스코디   우리나라의 소득세는 개인을 중심으로 모든 소득을 종합 하고, 부양가족 등 인적 사정에 따라 소득을 공제하는 방 식의 종합소득세 제도로 운영 중입니다.

흔히 말하는 6가지 소득, 즉 이자·배당·사업·근로·연금·기타소득 은 종합과세하지만, 퇴직소득과 양도소득은 따로 분류과세합니다. 퇴직·양도소득은 한 해에 꾸준히 벌어들인 소득이 아닌, 오랜 세월 동 안 누적된 소득으로 보기 때문입니다. 퇴직하거나, 부동산과 주식을 양도하는 시점에 생긴 소득을 연 소득과 함께 과세해 누진세율을 적 용했을 때 갑자기 세금 부담이 커질 수 있는 문제를 반영한 것입니다.

직장인은 근로소득세를, 사업자는 사업소득세를 냅니다. 먼저 직 장인은 매월 원천징수된 세금을 제한 월급을 받습니다. 그렇게 벌어 들인 1년간의 소득에 근로소득세를 매깁니다. 그리고 사업자는 연간 총 수입금액에 필요경비를 뺀 금액에 대해 사업소득세를 산정합니 다. 직장인이면서 사업소득이 있다면 당연히 그 모든 소득 (근로소득 + 사업소득)을 다 더해 신고해야 합니다.

그리고 이자소득과 배당소득은 금융소득이라고 불립니다. 국내

외 예금 이자로 얻은 소득 또는 소유 주식의 연간 배당금에 대한 소득입니다. 예금이나 적금 만기 때 떼는 15.4%(원천징수 14%에 지방세 1.4%를 더한 세율)의 세금이 바로 이자소득세입니다.

다음으로 연금소득은 국민연금이나 공무원·군인·사립학교 교직원의 연금, 퇴직 후 연금저축계좌와 퇴직연금계좌에서 연금형태로 받는 소득으로, 근로소득과 같이 연금액에 따라 연금소득공제를 받을 수 있습니다.

마지막으로 기타소득은 앞서 말한 모든 소득에 포함되지 않은 소득을 말합니다. 대표적으로 상금이나 포상금, 복권 당첨금, 강연료 등이 기타소득에 해당합니다. 2027년부터 과세가 시작될 예정인 가상자산 소득세도 기타소득에 포함됩니다. 참고로 기타소득의 원천징수 세율은 20%이지만 복권 당첨금 등으로 3억 원이 넘을 때는 30% 세율이 적용됩니다.

지난해 돈을 벌었지만, 5월 종합소득세 신고를 꼭 하지 않아도 되는 사람들이 있습니다. 벌어들인 소득이 종합소득세 과세대상 소득이 아니거나 애초에 세금이 붙지 않는 소득도 있기 때문입니다.

먼저 월급 외에 다른 소득이 없는, 다시 말해 근로소득 하나만 있는 직장인들은 종합소득세를 신경 쓰지 않아도 됩니다. 월급을 받을 때마다 원천징수로 세금을 꼬박꼬박 떼였고, 그것이 제대로 떼였는지를 이미 연말정산에서 정산까지 마쳤기 때문입니다. 물론 연말정산에서 빠뜨린 것이 있거나 연말정산을 미처 하지 못한 직장인이라면 5월에 스스로 근로소득에 대한 종합소득세 신고를 해야 합니다.

그리고 종합소득세 과세대상인 사업소득이 있지만, 소득세 신고를 하지 않아도 되는 사람도 있습니다. 보험모집인과 방문판매원, 계약배달판매원이 대표적입니다. 이들은 소속한 회사에서 대가를 받지만, 근로자가 아닌 개인사업자로 구분됩니다. 따라서 근로소득이 아니라 사업소득입니다. 하지만, 이들 사업자의 경우 근무형태가 근로자들과 유사하다고 해서 연말정산을 할 수 있도록 시스템이 마련돼 있습니다. 다른 소득이 없으면서 소속회사로부터 받는 수입금액 합계 7,500만 원 미만인 보험모집인, 방문판매원, 계약배달판매원은 연말정산을 한 경우, 종합소득세 신고를 하지 않아도 됩니다. 연말정산 자체로 사업소득의 소득금액을 확정하는 겁니다.

당연할 수 있지만, 종합소득세 과세대상이 아니거나 아예 세금이 없는 소득이 발생한 때에도 종합소득세 신고와는 무관합니다. 예를 들어 실업급여와 같은 '비과세' 소득은 종합소득세 신고대상이 아닙니다. 복권 당첨금과 같이 기타소득으로 이미 '분리과세'해서 세금을 떼고 받은 소득도 종합소득세 신고 때 다른 소득과 합산할 필요가 없습니다.

다시 강조하지만, 퇴직소득과 양도소득은 '분류과세'라고 해서 소득의 분류가 완전히 다른 소득이며, 신고납부방식도 다릅니다. 퇴직금은 원천징수로 세금을 떼고, 양도소득은 신고납부기한이 따로 정해져 있습니다. 이런 소득만 있는 경우에도 종합소득세 신고는 신경 쓸 필요가 없습니다.

분리과세하는 소득을 제외하고는 모두 종합과세가 됩니다. 다음 표를 참고합시다.

과세방법	소득종류	적용기준
종합 과세	이자 , 배당소득	합산소득이 2,000만 원을 초과하면 종합과세
	근로 , 사업소득	무조건 종합과세
	연금소득	공적연금소득은 무조건 종합과세 사적연금소득은 1,500만 원을 초과하면 종합과세
	기타소득	기타소득금액이 300만 원을 초과하면 종합과세
분류 과세	양도소득	종합소득과 합산하지 않고 별도 과세
	퇴직소득	종합소득과 합산하지 않고 별도 과세

세알못 분리과세는 무슨 말인가요?

택스코디 분리과세란 종합소득에 포함되는 소득 중에 과세의 편의를 위해서 일정 금액 이하나 특정 소득에 대해서 원천징수로 소득세 의무를 종결하는 것을 말합니다. 따라서 종합소득 과세표준에 추가하지 않는 소득입니다. 예를 들어 금융소득(이자소득 + 배당소득)은 2,000만 원 이하이면 종합과세 하지 않고 세금을 사전에 원천징수하고 추가적인 납세 의무를 요구하지 않습니다. 이런 소득에는 이자소득, 배당소득, 연금소득, 기타소득, 주택임대소득, 일용직 근로소득 등이 있습니다.

사업자가 꼭 알아야 할 절세의 전략

02

공동명의, 소득세를 크게 줄일 수 있다

· 종합소득세는 인별 과세하고, 세율은 누진세율이므로, 공동 명의를 하면 소득세를 줄일 수 있다.

이 문장은 O입니다. 종합소득세는 소득이 높으면 높을수록 세금을 더 많이 부담하는 누진세율을 적용하는 세금입니다. 공동명의로 사업을 하면 본인 소득을 동업자의 손익분배 비율 만큼 낮출 수 있으므로 절세 효과를 볼 수 있습니다.

과세표준	세액계산의 표준이 되는 금액
세율	과세표준에 대해서 납부해야 할 세액의 비율
과세기간	과세표준을 산정하는 기간

먼저, 앞장에서 설명했던 종합소득에 해당하는 소득들을 모두 합하면 종합소득금액이 나옵니다. 대표적으로 사업소득금액은 다음과 같이 수입금액에서 필요경비를 차감하면 구할 수 있습니다.

• 사업소득금액 = 수입금액 − 필요경비

여기에 내게 해당하는 소득공제들을 적용해 빼주면 세율을 매기는 기준이 되는 과세표준을 다음과 같이 구할 수 있습니다.

• 과세표준 = 사업소득금액 − 소득공제

이렇게 계산한 과세표준에 해당하는 세율을 적용하면 다음과 같이 산출세액이 나옵니다.

• 산출세액 = 과세표준 × 세율

산출세액에 또 한 번 내가 적용받을 수 있는 세액공제 (혹은 세액감면 혜택)를 적용해 빼주면 다음과 같이 결정세액이 나옵니다.

• 결정세액 = 산출세액 − 세액공제

사업자가 꼭 알아야 할 절세의 전략

여기에 미리 낸 기납부세액이 있다면 빼고, 혹시 내야 할 가산세가 있다면 더해주면 최종 납부 혹은 환급세액을 구할 수 있습니다.

이 과정에서 적용되는 세율이 바로 누진세율입니다. 종합소득세는 누진세율을 적용하므로 소득을 분산하는 것이 절세의 핵심입니다.

세알못   누진세율이 무슨 말인가요?

택스코디   과세표준이 커질수록 세율도 커지는 세율을 말합니다. 구체적으로 과세표준이 5,000만 원 이하라면 15%의 세율이 적용되지만, 8,800만 원이 넘으면 소득의 35%를 세금으로 내야 하므로 세 부담이 커질 수밖에 없습니다. 따라서 세율이 매겨지는 과세표준을 줄이는 것이 절세의 핵심입니다. 사업 운영에 쓰인 비용을 꼼꼼히 챙겨 경비처리하고, 받을 수 있는 소득 공제항목을 잘 확인해 과세표준을 낮추면 세율도 저절로 낮아집니다. 다음 표를 참고합시다.

종합소득세 누진공제표

과세표준	세율	누진공제액
1,400만 원 이하	6%	
1,400만 원~5,000만 원 이하	15%	126만 원
5,000만 원~8,800만 원 이하	24%	576만 원
8,800만 원~1억 5천만 원 이하	35%	1,544만 원
1억 5천만 원~3억 원 이하	38%	1,994만 원
3억 원~5억 원 이하	40%	2,594만 원
5억 원~10억 원 이하	42%	3,594만 원
10억 원 초과	45%	6,594만 원

세알못   그럼 과세표준이 6,000만 원이면 소득세는 얼마나 나올까요?

택스코디   다음 두 가지 방식으로 계산 가능합니다.

1. 구간별 합산: 1,400만 원 × 6% + (5,000만 원 - 1,400만 원) × 15% + (6,000만 원 - 5,000만 원) × 24% = 864만 원

2. 누진공제표: 6,000만 원 × 24% - 576만 원 (누진공제액) = 864만 원

어떤 방식으로 계산해도 결과는 864만 원으로 같습니다. 실무적으로는 2번 계산법을 씁니다.

세알못   전업주부입니다. 남편이 퇴사하고 식당을 차리려는데, 같이 하자고 합니다. 알아보니 공동사업자로 신청하면 세금이 적게 나온다고 하는데, 맞는 말인가요?

택스코디   공동명의로 사업을 하는 이유 중 하나는 소득을 적절하게 분해하기 위해서입니다. 남편과 아내 두 명이 공동으로 사업을 하면 사업소득금액 (수입금액 - 필요경비)을 계산한 다음 손익분배 비율만큼 배분합니다. 따라서 공동명의로 사업을 하면 본인 소득을 동업자의 손익분배 비율 만큼 낮출 수 있으므로 절세 효과를 볼 수 있습니다.

예를 들어 사업장(단독명의)의 과세표준이 2,800만 원이라고 가정하면 15% 세율을 적용받아 소득세는 294만 원 (1,400만 원 × 6% +

1,400만 원 × 15%)입니다. 하지만 손익분배 비율이 50%인 공동사업장이라면 분배받는 소득 2,800만 원에 50%를 곱한 1,400만 원이 각각의 과세표준이 되고, 6% 세율을 적용받아 소득세는 84만 원 (1,400만 원 × 6%)으로 계산됩니다. 따라서 부부 소득세는 168만 원 (84만 원 × 2명)이므로 단독사업장일 때와 비교해 126만 원가량 세금이 줄어드는 것을 알 수 있습니다.

03

모든 신규사업자는
간편장부 대상자이다?

· 개인사업자는 간편장부 대상자와 복식부기 의무자로 구분하고, 모든 신규사업자는 간편장부 대상자이다.

이 문장은 X입니다. 결론부터 말하자면, 올해 신규로 창업한 사업자이거나 직전연도 수입금액이 간편장부 대상자 금액 범위에 해당하면 간편장부 대상자로 적용됩니다. 다만, 전문직 종사자인 의사나 변호사, 세무사, 회계사 등은 직전연도 수입금액과 상관없이 간편장부 대상자에서 제외됩니다. 다시 말해 무조건 복식부기 의무자입니다.

사업자는 매년 5월 소득세 신고 기간이 되면 얼마를 벌었는지, 아니면 손해를 봤는지를 계산해서 국세청에 신고해야 합니다. 손해를 봤다면 낼 세금이 없을 것이고, 이익이 발생했다면 세금을 내야 합니다. 그런데 과세당국은 사업자가 실수나 혹은 고의로 잘못 신고할 수도 있으므로 스스로 신고한 내용을 모두 신뢰하지 않습니다. 이런 이유로 사업자에게 사업과 관련된 거래 사실을 모두 기록으로 남기도록 하고, 그것을 바탕으로 국세청이 신고 내용의 사실 여부를 검증하도록 하고 있습니다.

이렇게 사업자가 장부에 기록하는 것을 기장(記帳, Book keeping)이라고 합니다. 기록된 장부 자체를 기장이라고 부르기도 합니다. 원래 기장의 기본 원칙은 복식부기입니다. 다만 모든 사업자가 복식부기를 할 필요는 없고, 일정 수입 금액 이상일 때에만 의무입니다. 회계나 재무담당자가 있는 기업체는 복식부기로 장부를 쓰는 게 쉽지만, 그렇지 않으면 세금 신고를 하기 어려우니 나름 배려한 것이라고 할 수 있습니다. 이제 막 사업을 시작한 사업자들이나 직전연도 매출액이 일정 금액 이하인 영세한 사업자들은 쉽고 간편하게 장부를 작성해도 국세청에서 정식으로 장부를 작성한 것으로 인정해줍니다. 간편장부란 회계지식이 부족한 사업자들도 다음처럼 쉽게 작성할 수 있도록 국세청에서 고시한 장부를 말합니다.

우리가 가정에서 사용하는 가계부와 크게 다르지 않아 누구나 손쉽게 작성할 수 있습니다. 간편장부의 장점은 다음과 같습니다.

1. 복식부기 장부와 비교해 작성과 관리가 편하다.
2. 간편장부를 작성하면 소득세 신고 시 실제 사업에서 발생한 비용을 필요경비로 인정받을 수 있다. 또한, 사업에 필요한 자산을 매입했을 때 이에 대한 감가상각도 비용으로 처리할 수 있으므로 절세 효과를 기대할 수 있다. 만약 사업에서 적자가 발생하면 그 금액에 대해 향후 15년간 소득에서 공제 혜택을 받을 수 있다.

일자	계정과목	거래내용	거래처	수입 (매출)		비용 (원가 관련 매입 포함)		사업용 유형자산 및 무형자산 증감(매매)		비고
				금액	부가세	금액	부가세	금액	부가세	

    간편장부 대상자라면 이처럼 단순한 간편장부 작성만으로 정식 장부(복식부기)를 작성한 것과 같은 것으로 인정됩니다. 단, 모든 사업자에게 간편장부를 정식 장부로 인정해주지는 않습니다. 정해진 기준금액 이하 사업자가 대상이며, 구체적인 기준은 다음 페이지 표와 같습니다.

    올해 신규로 창업한 사업자이거나 직전연도 수입금액이 다음 표 간편장부 대상자 금액 범위에 해당하면 간편장부 대상자로 적용됩니다. 다만, 전문직 종사자인 의사나 변호사, 세무사, 회계사 등은 직전연도 수입금액과 상관없이 간편장부 대상자에서 제외됩니다. 다시 말해 무조건 복식부기 의무자입니다.

    간편장부 대상자는 장부를 작성하지 않아도 가산세가 발생하지

사업자가 꼭 알아야 할 절세의 전략

않는 것으로 착각하는 사업자가 있는데, 이는 잘못된 정보입니다. 소규모 사업자 (신규 개업 또는 수입금액 4,800만 원 미만)를 제외한 간편장부 대상자가 장부를 작성하지 않으면, 산출세액의 20%를 가산세로 내야 합니다. 물론 간편장부 작성 시에는 이 또한 면제됩니다.

개인사업자 업종에 따른 수입금액별 장부작성 기준

업종	간편장부 대상자	복식부기 의무자
가. 농업·임업 및 어업, 광업, 도매 및 소매업(상품중개업을 제외한다.), 소득세법 시행령 제122조 제1항에 따른 부동산매매업, 그 밖에 '나' 및 '다'에 해당하지 않는 사업	3억 원 미만	3억 원 이상
나. 제조업, 숙박 및 음식점업, 전기·가스·증기 및 공기조절 공급업, 수도·하수·폐기물처리·원료재생업, 건설업(비주거용 건물 건설업은 제외), 부동산 개발 및 공급업(주거용 건물 개발 및 공급업에 한함) 운수업 및 창고업, 정보통신업, 금융 및 보험업, 상품중개업, 욕탕업	1억 5,000만 원 미만	1억 5,000만 원 이상
다. 소득세법 제45조 제2항에 따른 부동산임대업, 부동산업('가'에 해당하는 부동산매매업 제외), 전문·과학 및 기술서비스업, 교육서비스업, 보건업 및 사회복지서비스업, 예술·스포츠 및 여가관련서비스업, 협회 및 단체, 수리 및 기타 개인서비스업, 가구내 고용 활동	7,500만 원 미만	7,500만 원 이상

04

단순경비율 대상자도
복식부기 방식으로 신고할 수 있다?

· 추계신고 단순경비율 대상자도 복식부기 방식으로 신고할 수 있다.

이 문장은 O입니다. 본인이 복식부기의무자가 아닌데도 복식부기로 기장 했다면, 나라에서는 혜택 (기장세액공제: 100만 원 한도 내에서 세금의 20%를 공제)을 줍니다.

사업자가 꼭 알아야 할 절세의 전략

기본적으로 모든 사업자는 거래 내역과 사업 관련 재무 정보를 의무적으로 장부에 기록(복식부기가 원칙) 해서 세금을 신고하도록 법으로 정해두고 있습니다. 예외적으로 규모가 작은 사업자나 신규사업자는 장부를 쓰는 데 어려움이 있으므로 보다 간편하게 장부를(간편장부) 쓰고 신고할 수 있도록 하기도 한다고 앞장에서 말했습니다.

세알못   그렇다면 장부를 전혀 쓰지 않으면 어떻게 되나요?

택스코디   결론부터 말하자면 장부를 쓰지 않았더라도 소득세를 신고하고 납부할 수는 있습니다. 국세청에서 장부가 없는 사업자들에게서도 세금은 걷어야 하므로 따로 방법을 마련해 뒀기 때문입니다.

소득세 신고를 하는 방법은 크게 두 가지가 있습니다. 첫 번째는 수익, 비용에 대해 장부를 작성해 신고하는 방법, 두 번째는 파악된 수입금액을 기반으로 추계신고 (대략적인 경비를 계산해 신고)하는 방법입니다. 추계신고는 장부를 작성할 필요 없이 소득세 신고가 가능하므로 영세사업자들은 추계신고방법을 선택하는 경우가 많습니다.

장부를 작성한 사업자들은 실제 거래 사실들이 장부에 모두 기록돼 있으니 그걸 바탕으로 비용을 얼마 썼는지를 계산하고 이익을 따져서 세금을 신고할 수 있습니다.

하지만 장부를 작성하지 않았다면, 비용은 얼마를 썼고 그래서 이익이 얼마인지를 정확히 모르기 때문에 대략 추산해야 해야 합니다. 이를 두고 '추계신고'라고 합니다. '추정해서 계산한다'라는 의미입니다.

이때 추산을 위해 국세청이 비용으로 인정하는 일정한 비율을 정해 놓고 있는데 이걸 바로 '경비율'이라고 합니다. 국세청이 정하는 경비율은 업종별로 다르고 사업 규모별로도 다릅니다.

이런 기준에 따라 경비율은 다시 기준경비율과 단순경비율로 나뉩니다. 먼저 기준경비율은 매출에서 매입비용과 사업장 임차료, 직원 인건비 등 주요한 경비는 제외하고 남은 금액 중에서 일부분만 비용으로 인정하는 방법이고, 단순경비율은 그냥 단순하게 전체 매출 중에서 일정 비율만큼을 비용으로 인정하는 방법입니다. 경비율을 적용해 계산된 비용을 뺀 나머지가 소득금액이 됩니다. 보통 장부를 쓰지 않은 사업자 중에서 사업 규모가 큰 사업자는 기준경비율을 적용하고, 상대적으로 규모가 작은 사업자나 신규사업자에게는 비교적 계산이 간편하고 높은 비율의 단순경비율을 적용합니다. 다음 표를 참고합시다.

업종별 직전년도 수입금액에 따른 추계신고 대상 분류

직전연도 사업소득 수입금액	추계신고	
업종별	기준경비율 적용대상자	단순경비율 적용대상자
1. 농업, 임업, 어업, 광업, 도매업 및 소매업 (상품 중개업 제외), 부동산매매업, 아래 2와 3에 해당하지 않는 사업	6,000만 원 이상자	6,000만 원 미만자
2. 제조업, 숙박 및 음식점업, 전기, 가스, 증기 및 수도사업, 하수, 폐기물처리 원료재생 및 환경복원업, 건설업, 운수업, 출판 및 정보서비스업, 금융 및 보험업, 상품중개업 등	3,600만 원 이상자	3,600만 원 미만자
3. 법 제45조 제2항에 따른 부동산임대업, 부동산 관련 서비스업, 전문 과학 및 기술 서비스업, 임대업 (부동산임대업 제외) 사업시설관리 및 사업지원서비스업, 개인 서비스업 등	2,400만 원 이상자	2,400만 원 미만자

사업자가 꼭 알아야 할 절세의 전략

세알못 복식부기의무자도 추계신고가 가능한가요?

택스코디 복식부기의무자라도 추계신고방법을 선택하면 기준경비율을 적용해 신고할 수 있습니다. 다음 표를 참고합시다.

납세자	유형	대상	장부작성 유형	추계신고 시 경비율
사업자	S	성실신고확인 대상자	복식부기	기준 경비율
	A	세무대리인이 장부를 써야 하는 외부조정대상자		
	B	직접 장부를 써도 되는 복식부기의무자		
	C	복식부기의무자인데 추계신고했던 사업자		
	D	규모가 큰 간편장부 대상자	간편장부	단순 경비율
	E	규모가 작은 간편장부 대상자		
	F	사업소득뿐이며 낼 세금이 있는 간편장부 대상자		
	G	사업소득뿐이며 낼 세금이 없는 간편장부 대상자		

하지만 추계신고를 하는 경우엔 다음과 같은 불이익이 있습니다.

1. 각종 공제, 감면 적용에서 배제
2. 무기장가산세 부과

소규모 사업자가 아니라면 추계신고 시 무기장가산세 (산출세액의 20%)가 부과되므로 주의가 필요합니다.

세알못 소규모 사업자는 누구를 말하는 건가요?

택스코디 소규모 사업자는 다음과 같습니다.

1. 해당 과세기간 신규로 사업을 개시한 자

2. 직전 과세기간 사업소득 수입금액 합계액이 4,800만 원에 미달하
   는 자

3. 연말정산하는 사업소득만 있는 자 (방문판매원, 보험모집인 등)

만약 사업자 본인이 복식부기의무자가 아닌 간편장부 대상자인
데도 복식부기로 기장 했다면, 나라에서는 혜택 (기장세액공제: 100만
원 한도 내에서 세금의 20%를 공제)을 줍니다. 반대로 본인이 복식부기
의무자인데 제대로 복식부기로 기장 하지 않았다면 페널티를 줍니
다. 다음 표를 참고합시다.

기장 의무에 따른 혜택과 벌칙

구분	간편장부 대상자	복식부기의무자
복식부기로 기장 한 경우	기장세액공제	혜택도 벌칙도 없음
복식부기로 기장 하지 않은 경우	혜택도 벌칙도 없음	무기장가산세

사업자가 꼭 알아야 할 절세의 전략

부가가치세 매입세액공제는 불가능한 접대비, 종합소득세 비용처리는 가능하다?

· 접대비는 부가가치세 매입세액공제는 불가능하지만, 종합소득세 비용처리는 가능하다.

이 문장은 O입니다. 접대비, 교통비, 비영업용 소형승용차 등의 구입, 임차, 유지비 등은 조세 정책적으로 부가가치세 신고시 매입세액공제가 되지 않습니다. 하지만 종합소득세 신고시 필요경비처리는 가능합니다.

비슷한 제조업체를 운영하는 A 씨와 B 씨는 지난해 연 매출은 10억 원으로 같습니다. 하지만 A 씨와 B 씨가 내는 종합소득세는 각각 4,000만 원, 500만 원으로 크게 차이가 납니다. 왜 차이가 났을까요? 바로 B 씨는 종합소득세 절세를 위해 각종 증빙서류를 꼼꼼히 챙겼기 때문입니다. 건당 3만 원을 초과하는 비용을 사용하게 되면 적격증빙(법정지출증빙)을 챙겨야 합니다. 적격증빙으로는 세금계산서, 계산서, 신용카드 매출전표, 현금영수증이 있습니다. 사업자는 이 증빙을 통해 세금을 줄일 수 있습니다.

대표적인 종합소득세 절세방법으로 접대비(2024년부터 명칭이 기업업무추진비로 변경) 증빙을 들 수 있습니다. 결혼식이나 장례식으로 지출한 비용은 종합소득세 신고 시 비용으로 처리해 과세표준을 낮출 수 있습니다. 한도는 건당 20만 원, 연간 '1,200만 원 + 매출 × 0.3%' 이내입니다. 청첩장이나 부고·회갑·출산 등의 내용이 담긴 문자메시지 또는 카카오톡을 캡처하고 이체 내역을 제출하면 됩니다.

세법에서 정의하는 접대비란 사업업무와 관련하여 특정인(직원은 해당 없음)에게 접대성 성격으로 지출한 비용입니다. 사업업무와 관련된 지출이더라도 불특정 다수에게 지출하는 광고선전비와 성격이 다르고, 사업업무와 상관없는 특정인에게 지출하는 기부금과도 성격이 다릅니다. 또 직원에게 복리후생 목적으로 지출하는 복리후생비와도 성격이 다릅니다. 예를 들어 직원 경조사비로 지출한 금액은 복리후생비로 보지만, 거래처에 경조사비를 지출한 경우에는 접대비로 봅니다. 다음 표를 참고합시다.

접대비와 복리후생비, 기부금, 광고선전비의 차이

	접대비	복리후생비	기부금	광고선전비
사업연관성	O	O	X	O
한도	O	X	O	X
대상	특정인	임직원	특정인	불특정다수

이때 1회 지출 접대비가 1만 원 (경조사비는 20만 원)을 초과할 때는 반드시 적격증빙을 수취해야 비용으로 인정받을 수 있습니다.

세알못   2024년 1년간 접대비를 다음과 같이 지출했습니다. 접대비로 인정받을 수 있는 금액은 얼마인가요?

- 2024년 수입금액 - 4억 3천만 원
- 사업자 명의 신용카드 접대비 금액 - 2,600만 원
- 배우자 명의 신용카드 접대비 금액 - 100만 원
- 현금지출 접대비 금액 - 100만 원

택스코디   세법에서 접대비는 한도액을 정해 놓고 있습니다. 그러므로 한도액을 초과하는 접대비는 비용으로 인정받을 수 없습니다. 개인사업자 접대비 한도액은 다음과 같이 계산됩니다.

· 접대비 한도액 = (일반기업 1,200만 원 (중소기업 3,600만 원) × 당해 과세기간의 월수/12) + (수입금액 × 적용률)

수입금액별 적용률

수입금액	적용률
100억 원 이하	0.3%
100억 원 초과 ~ 500억 원 이하	2천만 원 + 100억 초과 금액의 0.2%
500억 원 초과	6천만 원 + 500억 초과 금액의 0.03%

먼저 세알못 씨 접대비 해당 금액은 2,600만 원입니다. 배우자 명의 신용카드와 현금지출은 적격증빙이 아니므로 접대비로 인정받을 수 없습니다.

다음 접대비 한도액을 계산해봅시다.

• 접대비 한도액 = (일반기업 1,200만 원 × 당해 과세기간의 월수/12) + (수입금액 × 적용률) = (1,200만 원 × 12/12) + (4억 3천만 원 × 0.3%) = 1,329만 원

따라서 2,600만 원을 접대비로 사용했지만, 비용으로 인정받을 수 있는 금액은 1,329만 원이 됩니다.

세알못 사업의 특성상 출장이 잦고, 접대비가 많이 듭니다. 이런 비용은 부가가치세 신고 시 매입세액공제가 가능한가요?

택스코디 접대비, 교통비, 비영업용 소형승용차 등의 구입, 임차, 유지비 등은 조세 정책적으로 매입세액공제가 되지 않습니다. 하지만 소득세 신고 시 필요경비처리는 가능합니다. 조세 정책적으로 부가가치세 신고 시 매입세액공제를 받지 못하는 경우는 다음과 같습니다.

1. 접대비 및 이와 유사한 비용의 매입세액

2. 교통비 등 영수증 발행업종 관련 매입세액

3. 비영업용 소형승용차의 구입과 임차 및 유지에 관한 매입세액

4. 간이과세자나 면세사업자로부터 매입한 것

06

노란우산공제에 가입하면
세금을 줄일 수 있다

· 노란우산공제에 가입하면 직장인, 사업자, 프리랜서 모두 소득 공제를 받을 수 있다.

이 문장은 X입니다. 결론부터 말하자면, 직장인은 퇴직연금제 도를 통해 퇴직 후 노후생활에 대해 준비할 수 있습니다. 그런 데 사업자와 프리랜서는 퇴직금제도나 퇴직연금제도가 없습 니다. 이런 이유로 자영업자의 퇴직금이라고 불리는 노란우산 공제 제도는 직장인은 이용할 수 없고, 사업자와 프리랜서만 소득공제가 가능합니다.

퇴직금제도나 퇴직연금제도가 없는 사업자는 직장인과 달리 노후대책이 미흡한 채로 은퇴 생활에 접어드는 경우가 많습니다. 또한, 사업에 실패해 부득이 폐업하는 안타까운 경우도 발생할 수 있습니다. 이에 대한 대안으로 중소기업중앙회에서는 '노란우산공제'라는 제도를 통해 자영업자 등 소상공인의 노후준비와 재기를 돕고 있습니다. 노란우산공제 구조는 평소에 적금 붓듯이 일정 금액을 꼬박꼬박 공제 계좌에 적립해 두었다가 폐업 시에 되돌려 받는 것이 핵심입니다.

> **세알못**   적금에 가입하는 것과 크게 다를 것 없지 않나요?
>
> **택스코디**   아닙니다. 일반 금융상품에서는 찾아볼 수 없는 노란우산공제만의 여러 가지 장점들이 있습니다.

1. 노란우산공제의 공제금은 법에 따라 압류가 금지된다.

사업자가 폐업할 때는 사업이 잘되지 않아서 폐업하는 경우가 대다수입니다. 갚아야 할 채무가 많아 폐업 후에도 생활안정과 사업 재기에 걸림돌이 될 수 있습니다. 그런데 노란우산공제에 쌓아둔 공제금은 중소기업협동조합법에 따라 압류가 금지된 압류방지계좌(행복지킴이 통장)를 통해 안전하게 받을 수 있습니다. 만약 은행 등의 일반계좌에 쌓아두었다면 채권자로부터의 압류를 피할 수 없을 것입니다.

2. 노란우산공제 납입 시에는 소득공제 혜택을 받을 수 있어 절세에 도움이 된다.

다음 해 5월 종합소득세 신고를 할 때, 노란우산공제에 납입한 금액은 소득공제가 가능하므로 절세에 도움이 됩니다. 다만 가입자에 따라 다음과 같이 소득공제 한도가 200만 원부터 500만 원까지 다양하게 적용됩니다.

구분	사업 (또는 근로) 소득금액	최대 소득공제 한도
개인·법인대표	4천만 원 이하	500만 원
개인	4천만 원 초과 1억 원 이하	300만 원
법인대표	4천만 원 초과 5,675만 원 이하	300만 원
개인	1억 원 초과	200만 원

참고로 납입을 끝내고 공제금을 수령할 때에도 이자소득세나 연금소득세가 아닌 퇴직소득세를 적용해줍니다. 다른 금융상품보다도 훨씬 적은 세금만 부담한다는 장점이 있습니다.

3. 별도의 사업비 차감 없이 납입부금 전액에 연 복리이자를 적용한다.

은행의 일반적인 적금은 복리가 아닌 단리이율을 적용하며, 보험사의 연금상품은 사업비를 차감한 후에 부리(附利)하므로 납입금액의 100%가 적립되는 것은 아닙니다.

하지만 노란우산공제는 별도의 사업비를 전혀 차감하지 않고 납입금액 100%를 적립해 이자를 붙여줍니다. 또한, 단리 방식이 아닌 복리 방식으로 부리하므로 시간이 지나면 지날수록 많은 이자가 쌓이게 됩니다. 예를 들어 월 5만 원씩 5년을 불입하면, (기준이율이 2.1%라고 가정했을 때) 납입부금까지 합쳐 316만 4,150원을 돌려받게 됩니다. 기준이율은 분기별로 적용됩니다.

4. 각 지방자치단체로부터 추가적인 지원을 받을 수 있다.

각 지방자치단체에서는 자영업자 등의 생활안정 및 사회안전망 확충을 위해 일부 노란우산공제 가입자에게 희망장려금을 1년간 지원합니다. 상시 종업원 수 10명 미만(광업, 제조업, 건설업, 운수업) 또는 5명 미만(그 밖의 업종)의 소상공인이 그 대상입니다. 단 지자체별로 지원금액이 다를 수 있으므로 확인이 필요합니다.

예를 들어 서울특별시의 경우 연 매출 2억 원 이하인 대상자에게 월 2만 원씩 1년간 최대 24만 원을 지원하며 대전광역시의 경우 연 매출 3억 원 이하인 대상자에게 월 3만 원씩 1년간 최대 36만 원을 지원합니다. 울산광역시는 연 매출 3억 원 이하인 대상자에게 월 1만 원씩 1년간 최대 12만 원을 지원합니다.

세알못 납입부금은 언제 돌려받을 수 있나요?

택스코디 법적으로 공제금을 지급받는 경우는 개인사업자 폐업, 법인사업자 폐업·해산, 가입자 사망, 법인대표의 질병과 부상으로 인한 퇴임, 만 60세 이상으로 10년 이상 부금 납부한 가입자가 지급을 청구할 때 등입니다.

세알못 납입 중에 부금 액수를 바꿀 수 있나요?

택스코디 납부 부금 변경도 가능합니다. 증액의 경우에는 제한 없이 신청할 수 있고 감액은 공제부금을 3회 이상 납입한 이후부터 신청 가능합니다.

07

청년이 창업하면
소득세 100% 감면된다

· 카페를 차려도 청년창업 소득세 감면 적용이 가능하다.

이 문장은 X입니다. 결론부터 말하자면, 식음료를 파는 카페는 주점 및 비알코올 음료점으로 해당해 세액감면이 되지 않습니다. 하지만 베이커리 사업은 음식점업으로 감면받을 수 있습니다. 따라서 베이커리를 하면서 부수적으로 커피를 판다면, 감면이 가능합니다.

정부는 청년들이 새로운 제품과 서비스를 개발해 수익을 창출하고 경제 성장에 이바지하도록 창업을 장려하고 있습니다. 대표적인 장려 정책이 '청년창업 세액감면 제도'입니다.

세알못   이미 사업자를 낸 적이 있는데, 저도 청년창업 세액감면이 되나요?

택스코디   결론부터 말하자면 과거 사업자를 낸 사람도, 요건만 충족한다면 5년간 종합소득세를 단 1원도 내지 않을 수 있습니다.

세알못   그럼 청년창업 세액감면 제도 요건은 어떻게 되나요?

택스코디   나이·최초 창업·업종 요건, 이 3가지 요건을 모두 만족해야 합니다.

1. 나이

나라에서 말하는 '청년'이어야 합니다. 청년을 만족하려면 나이에 대한 조건, 즉 15세~34세이어야 하며 병역 기간(6년)까지 소급해 인정받을 수 있습니다. 따라서 해당 기간을 반영하면 최대 만 40살까지 혜택을 받을 수 있게 됩니다. 2024년을 기준으로 군대를 고려하지 않으면, 1990년생까지 세액감면이 가능합니다.

개인사업자로 창업	창업 당시 15세 이상 34세 이하인 사람. 다만, 병역을 이행한 경우에는 그 기간(6년 한도)을 창업 당시 나이에서 빼고 계산한 나이가 34세 이하인 사람을 포함.
법인사업자로 창업	개인사업자로 창업하는 경우의 요건과 지배주주 등으로서 해당 법인의 최대주주 또는 최대출자자이어야 한다는 요건을 모두 충족해야 함.

2. 최초 창업

최초 창업이어야 합니다. 이전에 사업체를 운영했던 이력이 없고, 처음 창업하는 사람이라면 최초 창업에 대해 크게 고민하지 않아도 됩니다. 하지만 이전에 사업체를 운영했던 이력이 있다면, 새로 시작하는 창업 형태가 최초 창업으로 인정받지 못하는 경우인지 확인해야 합니다.

세알못 최초 창업으로 인정받지 못하는 경우는 무엇인가요?

택스코디 창업 요건은 창업과 개업의 차이를 알아야 합니다. 창업은 사업을 위해 기업을 새로 내는 것이고, 개업은 그냥 영업을 개시(시작)한 것이죠. 똑같아 보이지만 극명하게 차이가 납니다. 창업은 해당 업종을 처음으로 차렸을 때를 뜻합니다. 즉, 이전에 같은 업종으로 사업했던 적이 없어야 합니다. 다른 사람이 하던 사업을 그대로 인수해 사업장을 내는 것은 개업으로 보기 때문에 창업 감면 적용이 안 됩니다. 다음 4가지 경우에는 최초 창업으로 인정받지 못합니다.

1. 사업을 하다 폐업 후 다시 같은 사업을 하는 경우
2. 기존 사업의 확장 또는 타업종을 추가하는 경우
3. 기존의 개인사업자를 법인으로 바꾸는 경우
4. 합병이나 현물출자, 분할, 사업 양수 등을 통해 기존 사업을 승계하거나 인수하는 경우

3. 업종 (조세특례제한법 제6조 3항의 대상 업종에 해당해야 함)

음식점, 정보통신, 통신판매업 등 가능한 업종은 18개입니다. (전문직, 부동산임대업, 도소매업 등은 불가능합니다.)

세알못   세금 감면 혜택을 받으려면 어떤 업종이 유리한지, 주의할 점은 무엇인가요?

택스코디   창업중소기업 세액감면은 1986년에 처음 세법에 규정 신설됐습니다. 이때는 제조업과 광업을 업종으로 하는 중소기업만 소득세의 50%를 감면받을 수 있었습니다. 현재 창업중소기업 세액감면 제도는 처음 제도가 시행됐을 때와 비교해, 대부분 업종으로 감면대상이 확대됐습니다.

업종 요건은 한국표준산업분류표에 따릅니다. 대표적으로 안 되는 업종은 전문직이나 도소매, 주점이 속합니다. 식음료를 파는 카페도 주점 및 비알코올 음료점으로 해당해 세액감면이 되지 않습니다. 하지만 베이커리 사업은 음식점업으로 감면받을 수 있습니다. 따라서 베이커리를 하면서 부수적으로 커피를 판다면, 감면이 가능합니다. 다음 표를 참고합시다.

청년창업세액감면 대상 업종
1. 광업
2. 제조업 (제조업과 유사한 사업으로 대통령령으로 정하는 사업을 포함)
3. 수도, 하수 및 폐기물 처리, 원료 재생업
4. 건설업
5. 통신판매업
6. 대통령령으로 정하는 물류 산업
7. 음식점업

8. 정보통신업 (비디오물 감상실 운영업, 뉴스제공업, 블록체인 기반 암호화자산 매매 및 중개업 등 제외)

9. 금융 및 보험업 중 대통령령으로 정하는 정보통신을 활용해 금융서비스를 제공하는 업종

10. 전문 과학 및 기술 서비스업 (변호사업, 변리사업, 법무사업, 공인회계사업, 세무사업, 등 제외)

11. 사업시설 관리 및 조경 서비스업, 사업 지원 서비스업

12. 사회복지 서비스업

13. 예술, 스포츠 및 여가 관련 서비스업 (자영예술가, 오락장 운영업, 수상오락 서비스업, 사행시설 관리 운영업 등 제외)

14. 개인 및 소비용품 수리업, 이용 및 미용업

15. 직업기술 분야를 교습하는 학원을 운영하는 사업 또는 직업능력개발훈련시설을 운영하는 사업

16. 관광숙박업, 국제회의업, 유원시설업 및 관광객 이용시설업

17. 노인복지시설을 운영하는 사업

18. 전시산업

세알못　　'전자상거래 소매업'은 되는데, '도소매업-건강기능식품'은 왜 안 되나요?

택스코디　　'도소매업-건강기능식품'은 인정되는 업종이 아니므로 신청 조건에 해당하지 않습니다. 하지만 해당 상품을 온라인으로 판매하는 경우 전자상거래업으로 등록하게 되는데, 이때는 조건을 충족하게 됩니다. 따라서 사업자를 신청할 때 전자상거래업을 함께 등록해서 세금 감면 혜택을 받을 수 있도록 준비해야 합니다.

정리하면 나이, 최초 창업, 업종 이 3개 요건에만 해당한다면 혜택

을 적용받지 못할까 걱정할 필요는 없습니다. 다만, 지역에 따른 종합소득세 감면 비율의 차이가 있습니다.

세알못 그럼 어느 지역이 감면율이 더 높은가요?

택스코디 정부는 지역 균형발전을 위해 수도권 내의 기업은 불이익을 주고 있습니다. 당연히 수도권 외 지역의 기업은 이익을 주고 있습니다. 수도권 과밀억제권역이냐 아니냐에 따라 감면율이 2배 차이 납니다.

청년 창업중소기업 세액감면은 수도권 과밀억제권에서 창업한 경우 50%만 감면합니다. 수도권 과밀억제권역 외의 지역에서 창업한 경우는 100% 감면해줍니다.

인천과 남양주, 시흥의 경우 같은 행정구역인데도 50% 또는 100% 되는 곳이 나뉩니다. 인천을 예로 들면 차이나타운에 사업장을 내면 50% 절반밖에 세금 감면을 못 받지만, 송도는 100% 세액 전액을 감면받을 수 있습니다. 송도는 경제자유구역에 속하기 때문이죠.

세알못 수도권 과밀억제권역은 구체적으로 어디를 말하나요?

택스코디 다음과 같습니다.

수도권 과밀억제권역	
서울특별시	전 지역
인천광역시	남동국가 사업 단지 제외, 강화군, 옹진군, 서구 대곡동, 불노동, 마전동, 금곡동, 오류동, 왕길동, 당하동, 원당동 및 경제자유구역 제외

경기도	시흥시 (반월특수지역 제외), 의정부시, 구리시, 하남시, 부천시, 고양시, 수원시, 성남시, 안양시, 광명시, 과천시, 의왕시, 군포시, 남양주시 (호평동, 평내동, 금곡동, 일패동, 이패동, 삼패동, 가운동, 수석동, 지금동, 도농동에 한함)

참고로 감면 '한도'가 없으므로 실제로 적게는 몇백만 원에서 많게는 몇억 원까지도 감면을 받을 수 있습니다.

세알못   100% 감면 지역에 창업하면 유리한 업종이 따로 있나요?

택스코디   세금은 돈을 번 만큼 내는 겁니다. 창업 후 가장 중요한 것은 수익을 많이 내는 것입니다. 세금 감면은 그다음 순위입니다. 손해를 보면 세금 낼 게 없습니다.

스마트 스토어를 통해 물건을 판매한다던가, 광고대행을 한다던가, 유튜버를 한다면 지역이 크게 중요하지 않죠. 그러므로 이런 무자본 창업가들이 감면 지역에서 사업하는 것을 추천하고 있습니다.

청년들이 수도권 과밀억제지역 밖에서 일하면 그 지역에서 밥도 사 먹고 세금도 냅니다. 그리고 그곳이 익숙해지면 그곳으로 거주지 자체를 옮길 수도 있습니다. 그래서 이 제도가 절세도 하고 지역 균형발전도 가능한 일석이조의 방법이라고 생각합니다.

세알못   김포 (수도권 과밀억제권역 밖)에 위치한 자택을 사업장 주소지로 해 온라인 쇼핑몰을 운영하고 있으며 나이는 만 30세입니다. 소득세 100% 감면 가능한가요?

택스코디 나이 요건(만34세 이하), 업종 요건(전자상거래업), 지역 요건(수도권 과밀억제권역 밖)을 모두 충족하므로 소득세 100% 감면 가능합니다.

세알못 수도권 과밀억제권역 안에서 한식집을 창업해서 50%의 세액감면을 적용받고 있다가, 수도권 과밀억제권 밖에서 창업했다면 100%의 세액감면을 받을 수 있다는 사실을 뒤늦게 알게 되어 수도권 과밀억제권역 밖으로 사업장을 이전했습니다. 100% 감면 가능한가요?

택스코디 안타깝지만 뒤늦게 지역을 이전하더라도 100% 감면 혜택을 적용받을 수는 없습니다. 수도권 과밀억제권역 밖에서의 창업을 독려하기 위해 만든 세제 혜택인 만큼 처음 창업한 지역의 감면율 50%를 그대로 적용받게 됩니다.

단, 수도권 과밀억제권역 밖에서 한식집이 아니라 중식집을 새로 창업하면 100% 감면대상이 될 수 있습니다. 업종분류표 상 기존에 창업한 업종과 겹치지 않는다면 새롭게 창업한 것으로 간주해 혜택을 받을 수 있습니다.

세알못 그럼 반대의 경우는 어떻게 되나요? 수도권 과밀억제권역 밖에서 창업해서 100% 감면을 받다가, 수도권 과밀억제권역 안으로 사업장을 이동하면 100% 감면을 계속 적용받을 수 있나요?

택스코디 이럴 때는 50%로 감면율이 낮아집니다. 수도권 과밀억제권역 안으로 이동하면 50%로 감면율이 변경되기 때문입니다.

여기서 잠깐! 만약 청년이 아니더라도 소규모 창업이라면 같은 혜택을 받을 수 있습니다. 감면 신청자격 요건인 나이와 업종 요건을 확인하고, 종합소득세 정기신고 기간에 종합소득세 신고 시 첨부서류로 창업중소기업감면신청서에 세액감면액을 기록해서 제출하면 됩니다.

- 음식점, 정보통신, 통신판매업 등 대부분 업종 가능 (전문직, 부동산임대업, 도소매업은 불가능)
- 수도권 밖에서 청년(15~34세)이 창업하거나, 또는 소규모 창업이라면 5년간 100% 세금 감면
- 수도권 안에서 청년(15~34세)이 창업하거나, 또는 소규모 창업이라면 5년간 50% 세금 감면

창업중소기업			
수도권 과밀억제권역 밖		수도권 과밀억제권역 안	
청년창업	수입금액 8,000만 원 이하	청년창업	수입금액 8,000만 원 이하
5년 100%		5년 50%	

참고로 홈택스에서 종합소득세 신고 시 '08. 세액공제, 감면, 준비금' 항목의 '세액감면 신청서' 탭을 통해 신청하면 됩니다.

사업자가 꼭 알아야 할 절세의 전략

PART
IV

알면 돈이 보이는
사업자 세금 상식
10가지

01

공과금도 부가가치세
매입세액공제가 가능하다

"부가세 폭탄 맞았어요. 세무사를 바꿔야 하나요?"

부가가치세 신고기한이 되면 어김없이 인터넷 자영업자 커뮤니티에는 빠지지 않고 이런 제목의 글이 게시됩니다.

다시 말하지만, 부가가치세는 매출세액에서 매입세액을 빼면 쉽게 계산됩니다. 세무대리인의 계산법은 다를까요? 그들의 계산법도 똑같습니다.

여전히 대다수 사업자는 세무사에게 맡겨야만 절세가 된다고 생각을 합니다. 하지만 절세는 적격증빙만 제대로 수취하기만 해도 저절로 됩니다.

그런데 불행히도 많은 사업자가 적격증빙이 무엇인가도 모르고 관심도 없습니다. 이런 상황에서 세무사를 바꾼다고 해서 세금이 줄어들까요?

세금폭탄을 맞지 않으려면, 지금부터라도 적격증빙에 관심을 가져야 합니다. 공과금부터 사업자 명의로 전환 신청을 합시다. 이렇게 한번 신청해 놓으면 자동으로 전자세금계산서가 발행되므로 부가가치세 신고 시 매입세액공제를 적용받을 수 있습니다.

참고로 전기 요금을 사업자 명의로 전환 신청 시 필요한 서류는 다음과 같습니다. (한국전력공사 고객센터 123)

> - 전기사용변경신청서 · 주민등록증사본
> - 임대차계약서사본 · 사업자등록증사본

세알못 전자상거래업을 하고 있고 사업자등록 주소지는 집으로 돼 있습니다. 전기 요금 같은 공과금도 부가가치세 매입세액공제가 가능한가요?

택스코디 SNS 마켓을 처음 시작하는 대부분 사업자는 상가를 임차하지 않고 집주소로 시작을 많이 합니다. 이런 경우라면 전기 요금은 부가가치세 매입세액공제가 힘들고, 인터넷 사용료, 사업자 본인 명의 휴대폰 요금은 매입세액공제가 가능합니다.

전기 요금도 원칙적으론 사업에 관련된 컴퓨터 사용분에 한해선 매입세액공제가 가능하지만, 현실적으로 구분 자체가 불가능하기에, 전기 요금은 매입세액공제를 받을 수 없습니다.

세알못   작은 식당을 운영하고 있습니다. 사업장 전기 요금도 부가
         가치세 매입세액공제가 가능하다고 알고 있습니다. 그런
         데 사업자 명의전환 신청을 하지 않고 전기 요금을 대표
         자 명의 신용카드로 결제를 했는데, 부가가치세 매입세액
         공제가 가능한가요?

택스코디   신용카드 매출전표 역시 적격증빙이므로 부가가치세 매
         입세액공제가 가능합니다. 다시 말하지만, 전기 요금 같
         은 공과금 등은 사업자 명의로 전환 신청을 하면 매달 전
         자세금계산서가 자동으로 발급되므로 더는 신경 쓰지 않
         아도 됩니다.

참고로 다음과 같은 경우에는 적격증빙을 수취해도 부가가치세
매입세액공제를 받을 수 없습니다.

◆ 상대 사업자가 간이과세 또는 면세사업자인 경우

◆ 세금계산서를 발급할 수 없는 업종
   · 목욕, 이발, 미용업의 본래 사업 관련 용역
   · 여객운송용역 (전세버스는 제외)
   · 입장권을 발행하여 영위하는 사업자의 본래 사업 관련 용역
   · 의사가 제공하는 성형 등 과세하는 의료용역을 공급하는 사업
   · 수의사가 제공하는 과세하는 동물의 진료용역
   · 무도학원, 자동차운전학원의 용역을 공급하는 사업.

02

의제매입세액공제,
식당 사장님이라면 꼭 챙기자

세알못 의제매입세액공제가 무엇인가요?

택스코디 음식점 같은 업종은 부가가치세가 면세인 농·축·수산물 등
이 주재료이다 보니 나중에 공제받을 매입세액이 없습니
다. 따라서 내야 할 부가가치세에 대한 부담이 상대적으
로 더 큽니다. 그래서 면세품목의 매입 비중이 높은 사업
자들에게는 면세품을 매입했을지라도 일정액만큼은 부
가가치세를 냈다고 의제 해주는 세제 지원을 하고 있습니
다. 바로 의제매입세액공제입니다.

일정 요건을 갖추면 면세물품에 대해서도 부가가치세 신고 시 매
입세액공제를 받을 수가 있습니다. '의제매입세액공제'란 최종소비
자가 아닌 과세사업자가 면세물품을 매입한 뒤 가공해서 판매하는

경우, 해당 면세물품에 대해 매입금액의 일정 부분을 공제해주는 것을 말합니다.

의제매입세액공제는 면세 매입금액에 일정 비율의 의제매입세액공제율을 곱해서 계산합니다. 다만 업종별, 사업자 규모별로 그 비율은 좀 다릅니다. 기본적으로 2%에 좀 못 미치는 2/102(약 1.96%)를 곱합니다. 음식점업의 경우 법인은 6/106(약 5.66%), 개인은 8/108(약 7.41%)을 적용하고, 개인 음식점업 중에서도 반기 매출이 2억 원 이하이면 9/109(약 8.26%, 2026년 12월 31일까지 적용)를 적용합니다.

또 제조업 중에서 과자점업, 도정업, 제분업, 떡방앗간 등의 개인사업자는 6/106, 그 밖의 제조업 개인사업자는 4/104(약 3.85%)를 곱해서 공제액을 계산합니다. 다음과 같습니다.

구분		공제율
음식점업	반기 매출 2억 원 이하 개인사업자	9/109
	반기 매출 2억 원 초과 개인사업자	8/108
	법인사업자	6/106
제조업	1. 과자점업, 도정업, 제분업, 떡방앗간을 운영하는 개인사업자	6/106
	2. 1을 제외한 개인사업자 및 중소기업	4/104
	그 외	2/102
기타 업종	과세유흥장소 및 그 외 업종	2/102

그리고 의제매입세액 공제액에는 업종별로 한도가 있습니다. 법인사업자는 매출액의 최대 50%, 개인사업자는 55%~75% 사이에서 식재료 등의 면세 재화 매입비용에 대해 다음과 같이 매입세액공제

사업자가 꼭 알아야 할 절세의 전략

를 받을 수 있습니다. (2025년 12월 31일까지 적용 한도, 기존 한도율 보다 10%가 더 늘어납니다.)

구분	과세표준(반기 매출액)	음식점	그 외 업종
개인사업자	1억 원 이하	65% → 75%	55% → 65%
	1억 원 초과~2억 원 이하	60% → 70%	55% → 65%
	2억 원 초과	50% → 60%	45% → 55%
법인사업자		40% → 50%	

의제매입세액 한도 계산법은 다음과 같습니다.

> • 의제매입세액 한도액 = 과세표준 × 한도율

세알못 대학교 앞에서 삼겹살을 파는 식당을 하고 있습니다. 부가가치세 과세기간인 6개월간 1억 원의 매출이 발생했고, 면세품인 채소와 육류 등을 3,000만 원어치 사들여 장사했습니다. 의제매입세액공제를 얼마나 받을 수 있나요?

택스코디 먼저 면세물품 가액 3,000만 원에 공제율 9/109를 곱하면 약 2,477,064원입니다.

이제 한도 금액을 계산해봅시다.

> • 의제매입세액 한도액 = 과세표준 × 한도율
> = 1억 원 × 75% = 7,500만 원

의제매입세액 공제금액이 한도액을 초과하지 않으므로, 의제매입세액공제 금액은 2,477,064원입니다. 부가가치세 신고 시 의제매입세액 공제신고서에는 다음과 같이 기재하면 됩니다.

면세 농산물 등 의제매입세액 관련 신고 내용

가. 과세기간 과세표준 및 공제 가능한 금액 등

과세표준			대상액 한도 계산		19. 당기매입액	20. 공제대상금액 (18과 19의 금액 중 적은 금액)
14. 합계	15. 예정분	16. 확정분	17. 한도율	18. 한도액		
100,000,000		100,000,000	75%	75,000,000	30,000,000	30,000,000

나. 과세기간 공제할 세액

공제대상세액		이미 공제받은 세액			26. 공제(납부)할 세액 (22-23)
21.공제율	22.공제대상세액	23.합계	24. 예정신고분	25.월별초기분	
9/109	2,477,064				2,477,064

여기서 잠깐! 부가가치세 신고를 간편하게 하는 간이과세자는 의제매입세액공제를 받을 수 없습니다.

의제매입세액공제를 받기 위해서는 면세물품을 매입했다는 증거가 되는 증빙이 꼭 필요합니다. 부가가치세가 없는 면세물품을 거래했기 때문에 세금계산서가 아닌 계산서를 수취해야 합니다. 현금으로 거래했다면 현금영수증, 혹은 카드매출전표 등 매입 사실이 확인되는 증빙을 꼭 챙겨둬야 합니다.

의제매입세액공제는 공제율과 공제 한도, 공제대상 등 규정이 자주 바뀌기 때문에 달라지는 내용에 대해 수시로 확인할 필요가 있습니다.

03

부가가치세 매입세액공제가
되는 차는 따로 있다

승용차가 현대인의 필수품이 된 지는 오래됐습니다. 승용차를 구입한 사람이라면 개별소비세는 물론 부가가치세 10%가 차량 가격에 포함돼 있다는 것을 알고 속 쓰렸던 경험을 한 적이 있을 것입니다. 부가가치세는 최종소비자에게 부담이 모두 전가되는 특징을 갖고 있으므로 개인이 승용차를 구매하는 경우에는 속이 쓰려도 달리 도리가 없습니다.

세알못   차량 유류비 매입세액공제는 경유, LPG만 가능하고, 휘발유는 불가능한가요?

택스코디   부가가치세 매입세액공제를 받을 수 있는 유종명이 부가가치세법상 별도로 규정되어 있지는 않습니다. 해당 차량이 부가가치세 매입세액공제가 가능한 차량인지가 중요합니다. 결론부터 말하자면, 부가가치세 매입세액 공제가 가능한 차량은 경차, 화물차, 9인승 이상의 승합차입니다.

차량을 영업용으로 사용할 경우는 차종에 상관없이 부가가치세 매입세액공제가 가능합니다. 영업용이라는 뜻은 택시운송업이나 렌트카업 등과 같은 운수업이나 승용차 판매, 대여업 등과 같이 승용차가 직접 자기 사업의 목적물이 되는 것을 말합니다. 예를 들어 택시운송업을 하는 사업자가 5인승 승용차를 구매한 경우, 차종은 부가가치세 매입세액공제가 되지 않는 차종이나 차량을 영업용으로 사용하므로 부가가치세 매입세액공제가 가능합니다.

사업을 하다 보면 운영을 위해 차량을 구매하거나 혹은 빌리게 됩니다. 차량은 사업 경비 중에서도 금액이 큰 편에 속하므로, 부가가치세 매입세액공제가 가능한지에 대해 궁금해하는 사업자들이 많습니다.

세법에서는 운수업, 자동차 매매업처럼 차량을 직접 영업에 사용하는 영업용 차량과는 달리 비영업용 차량은 매입세액공제 대상이 아니라고 정의하고 있습니다. 그 이유는 차량을 사업과 직접 관련이 있는 일에 사용하는지, 개인적으로 쓰지는 않는지 현실적으로 구분하기 어렵기 때문입니다. 그래서 '비영업용 소형승용자동차'라는 매입세액공제 배제기준을 두고 있습니다. 하지만 예외적으로 일정한 요건을 만족한다면 차량매입세액공제를 받을 수도 있습니다.

사업자가 꼭 알아야 할 절세의 전략

비영업용 차량으로 부가가치세 매입세액공제를 받으려면 사업자 명의의 차량이어야 하고 해당 자동차가 개별소비세 비과세 대상이어야 합니다. 다시 말해 개별소비세가 부과되면 매입세액 공제가 되지 않고, 개별소비세가 부과되지 않으면 매입세액 공제가 가능하다는 뜻입니다.

개별소비세 비과세 대상 차량에는 유종과는 관계없이 길이 3.6m 이하, 폭 1.6m 이하에 배기량 1000cc 이하의 경차가 속합니다. 우리가 잘 알고 있는 경차인 모닝, 레이, 스파크, 캐스퍼 등이 이에 해당합니다. 또한, 125cc 이하의 이륜자동차, 9인승 이상의 승용·승합차(카니발), 화물칸이 구별된 트럭이나 화물차(스타렉스, 카니발, 포터, 봉고 등), 밴(VAN)형 자동차도 공제대상에 포함됩니다.

세알못 작은 음식점을 운영 중입니다. 차량을 구매하고자 합니다. 장기렌트를 이용하면 세금 혜택이 있나요?

택스코디 많은 사업자가 차를 구매할 때, '리스 또는 장기렌트를 이용해야 세금처리가 가능하다'라는 잘못된 상식을 가지고 있습니다.

이때도 차종이 중요합니다. 구매방식은 중요하지 않습니다. 위에서 말한 개별소비세가 부과되지 않는 차량 (경차, 화물차, 9인승 이상 승합차)은 어떤 방식으로 구매해도 부가가치세 매입세액공제가 가능합니다.

자동차를 구매하는 방법은 구입(일시불, 할부), 리스, 렌트 3가지로 나눌 수 있습니다. 어떤 방식이 특별하게 유리한 게 아니라 각각의 장단점이 있어서 상황에 맞는 선택이 중요합니다. 다음 내용을 참고하면 좋습니다.

- **초기비용** - 일반적으로 자동차를 일시불, 할부로 구매하는 때는 취득세 등 초기비용이 발생합니다. 하지만 리스, 렌트는 소유권(명의)이 넘어오지 않아 초기비용이 발생하지 않습니다.

- **자동차 보험 가입** - 자동차 보험의 경우 일시불, 할부 또는 리스를 하게 되면 구매자가 가입 및 부담을 합니다. 하지만 렌트는 자동차 회사가 가입하고 부담하는 형태입니다. 또한, 렌트의 경우 사고가 나더라도 자동차 보험료 인상에 영향을 받지 않습니다.

- **직원들이 쓰는 자동차** - 직원들이 이용하는 차량은 일반적으로 사고율이 높은 편입니다. 따라서 사고로 인한 보험료 인상이 관련 없는 자동차 렌트가 좋습니다.

- **합리적인 가격으로 구매하고 싶은 경우** - 자금에 여유만 있다면 자동차를 가장 합리적인 가격으로 구매하는 방법은 일시불로 차량을 구매하는 겁니다. 그러나 여유가 없다면 할부로 취득하거나 월 이용료에 부가가치세 붙지 않는 리스로 구매하는 것이 좋습니다.

- **자동차 교체주기가 빠른 경우** - 자동차 교체주기가 빠른 경우 차량 구매 후 초기 5년 동안 중고차 가격 하락이 가장 심하므로 차량을 리스하거나 렌트하는 것이 좋습니다.

여기서 잠깐! 부가가치세 매입세액을 공제받지 못한 차량이더라도 업무용으로 사용했다는 것을 증명하면 종합소득세 신고 시 필요경비 처리는 가능합니다. 1,500만 원 한도 내(운행 기록부 미작성 시)에서 차량 구입비, 수리비, 렌트비, 주유비 등에 해당하는 경비처리를 받을 수 있습니다.

04

권리금 세금처리는
어떻게 하나?

권리금은 유형자산인 시설권리금과 무형자산인 바닥권리금으로 구분이 됩니다. 원칙적으로 시설권리금은 기존에 장사하던 사업자가 설비한 후에 부가가치세 매입세액공제를 받은 부분이기 때문에 세금계산서를 받고 줘야 하고, 바닥권리금은 상권의 가치에 대한 무형의 권리로 기타소득세 8.8% (지방세 포함)를 원천징수한 후에 지급하고 신고해야 합니다. 그런데 현실적으로는 시설권리금과 바닥권리금의 구분이 모호한 경우도 많고, 계약과정에서 기록을 남기지 않고 현금만 주고받는 경우도 적지 않습니다.

세알못　식당을 새로 인수하면서 권리금 명목으로 5,000만 원을 지급할 예정입니다. 따로 세금계산서는 받지 않기로 했는데, 이럴 때 세금처리는 어떻게 하나요?

택스코디 세금계산서를 받지 못한다면 권리금을 현금으로 지급하지 말고, 인수약정서(포괄양도계약서)와 함께 금융거래내역 (상대 사업자 대표자 명의의 계좌로 이체) 등의 소명용 증빙이라도 남겨놓아야 합니다. 종합소득세 신고 시 필요경비로 처리하기 위해서입니다. 권리금 같은 영업권은 다음과 같이 5년간 감가상각을 통해 비용으로 인정받을 수 있습니다.

• 정액법으로 계산 시 5년간 매년 경비로 인정되는 금액 - 1,000만 원 (5,000만 원 ÷ 5년)

영업시설, 거래처, 신용, 영업상의 노하우, 위치에 따른 이점 등에서 비롯된 금전적 가치를 권리금이라고 합니다. 2015년 상가건물임대차보호법이 개정되면서부터 법으로 보호받게 됐습니다. 제10조의4(권리금 회수기회 보호 등)에서는 '권리금 회수 방해 행위'를 크게 다음 4가지로 규정하고 있다.

• 임대인이 임차인이 주선한 신규임차인이 되려는 자에게 임차인이 받아야 할 권리금을 요구하거나 수수하는 행위
• 임대인이 임차인이 주선한 신규임차인이 되려는 자로 하여금 임차인에게 권리금을 지급하지 못하게 하는 행위
• 임대인이 임차인이 주선한 신규임차인이 되려는 자에게 현저히 고액의 차임과 보증금을 요구하는 행위
• 그 밖에 정당한 사유 없이 임대인이 임차인이 주선한 신규임차

인이 되려는 자와 임대차계약의 체결을 거절하는 행위

법적으로 권리금보호는 세입자의 권리이자 건물주의 의무입니다. 건물주가 세입자의 권리금보호 의무를 위반하면 세입자는 3단계 절차를 기억해야 합니다. 권리금 회수를 위한 3단계 절차는 '내용증명 보내기 → 손해배상청구소송 → 강제집행'입니다.

1. 건물주에게 내용증명 보내기

내용증명이란, 어떠한 의사와 주장 등을 담은 내용물을 누가 누구에게 발송했는지를 제 3자이며 공적 기관인 우체국을 통해 증명받는 제도입니다. 강경한 의사를 전달함으로써 상대방에게 심리적인 압박감을 주는 작용을 합니다. 특별한 형식이 있는 것은 아니며, 간결·명료하게 요점만 적어놓아도 됩니다. 건물주가 권리금보호 의무를 위반하는 이유를 상세히 알아보고 이를 근거로 작성하는 것이 좋습니다.

문서 3통을 작성해 우체국에 제출하면 우체국에서는 서신 끝에 '내용증명 우편으로 제출하였다는 것을 증명한다'라는 도장을 날인하고 1통은 우체국에 보관하고 1통은 상대방에게 발송하며 다른 1통은 제출인(발송인)에게 반환해 줍니다. 내용증명은 반드시 등기우편으로 발송해야 합니다. 이 단계에서 사건이 원만하게 해결된다면 소송보다 적은 비용으로 쉽고 빠르게 문제를 해결할 수 있습니다.

2. 손해배상청구소송

건물주의 방해로 권리금 회수기회를 놓쳤으니 상응하는 금액을 배

　　　　　　　　사업자가 꼭 알아야 할 절세의 전략

상토록 소송을 제기하는 것입니다. 소송은 내용증명이 통하지 않을 때 진행하는 절차입니다. 개인보다는 법률전문가의 도움을 받아 소송을 진행해야 재판 중에 법률적 주장에 대해 다투거나 유리한 주장을 효과적으로 펼칠 수 있어 승소 가능성이 커집니다.

3. 강제집행

세입자의 승소판결 후에도 돈을 주지 않고 버티는 건물주를 상대로 강제집행을 하는 것입니다. 강제집행은 반드시 소송에서 승소 판결문을 받아야 신청할 수 있습니다. 강제집행에는 부동산경매, 동산압류, 채권압류 및 추심명령, 재산명시, 재산조회 등이 있습니다.

다만 권리금 회수 주장을 하기 전에 세입자는 자신이 권리금 대상자인지부터 확인해야 합니다. 확인 사항으로는 3기분 이상의 임대료 연체 여부, 재개발이 되어 다른 법령에 따라 건물주가 건물을 비워줘야 하는 의무가 있는 경우, 계약만료 6개월 이내에 건물주에게 신규 세입자를 주선했는지 여부 등에 따라 요건이 갖추어지지 않을 수 있으므로 주의해야 합니다.

05

헷갈리는 감가상각,
쉽게 이해하자

시간의 흐름에 따라 떨어진 상품의 가치를 빼는 것을 '감가상각'이라고 합니다. 감가상각에서 '감가'는 덜다 감(減)에 값 가(價)를 써서 '값이 떨어진다'라는 뜻입니다. 물건을 구매하면 구매한 상품의 가치는 계속 유지되지 않고 시간이 지나면서 점점 더 감소한다는 의미입니다. 예를 들어 자동차는 이용할수록 장비가 소모되는 소모품이니까 시간이 지날수록 구매했을 때보다 가치가 떨어집니다. 사용하는 만큼 소모되는 기계 등은 시간이 지날수록 그 가치가 떨어질 수밖에 없고, 그러다 수명을 다하게 됩니다. 즉 자동차는 여러 해에 걸쳐 계속 '감가'되는 자산입니다.

그리고 '상각'은 갚다 상(償), 물리치다 각(却)을 쓰는데, '감가'된 가치를 회계에서 빼는 것을 의미합니다. 시간의 흐름에 따라 떨어지는

사업자가 꼭 알아야 할 절세의 전략

상품의 가치를 회계에 반영하는 게 감가상각이라고 생각하면 됩니다.

감가상각의 쉬운 이해를 돕고자 3천만 원을 주고 구매한 설비는 매년 3천만 원의 이익을 발생시켜주고, 3년이 지나면 폐기 처분해야 한다고 가정합시다.

첫해 설비를 통해서 3천만 원의 이익이 발생하였습니다. 그런데 설비투자비 3천만 원을 제외하니 이익은 0원이 됩니다. 다음 해, 그 다음 해는 3천만 원씩 벌었으니 3년 동안의 이익은 6천만 원이 되고 설비는 폐기처분 됩니다. 즉 설비를 통해서 6천만 원의 이익이 발생하였습니다. 그런데 여기서 국세청이 등장합니다. 그리고 다음처럼 말합니다.

"당신의 회사는 3년 동안 같은 설비를 사용하고 같은 사업을 하여 3년 동안 매출이 같은데도 왜 이익이 들쭉날쭉 일정치 않습니까?"

조삼모사 같은 말일 수도 있으나 과세당국의 속내는 첫해부터 이익이 없으면 세금을 부과할 수 없다는 것에 있습니다. 이러한 이유로 설비는 재무상태표에 자산으로 계상하고 설비는 사용하면 사용할수록 자산 가치가 감소하기 때문에 사용하는 기간은 감가상각비로 비용을 계상한다는 규칙이 만들어졌습니다. 이 규칙에 따라 회사는 3년 동안 매년 1천만 원씩 감가상각비로 비용을 계상합니다. 그러면 매년 이익은 2천만 원으로 평준화되고 과세당국은 첫해부터 세금을 부과할 수 있게 됩니다.

감가상각할 때는 몇 년간에 걸쳐서 비용으로 나눌 것인가에 대한 '내용연수'와 감가상각방법을 어떤 방식으로 할 것인가를 결정해야 합니다.

같은 시설이라도 사용하는 사람에 따라서 그 사용 기간은 달라집니다. 그러기에 내용연수는 실제 사용을 해 보기 전에는 정확히는 알 수 없고 사업장마다 차이가 납니다. 세법에서는 자산의 종류에 따라 일정 기간을 주고 그 범위 안에서 선택하도록 하고 있습니다.

인테리어나 시설, 비품과 같은 자산들은 내용연수가 5년으로 정해져 있고, 사업자가 4~6년의 범위 안에서 선택하도록 하고 있습니다. 예를 들어 설비·비품을 6,000만 원에 구입했다고 가정하고 4년 동안 정액법으로 감가상각하면 매년 1,500만 원을 비용처리할 수 있습니다. 이를 6년 동안 나누어 처리하면 매년 1,000만 원이 비용처리가 됩니다.

유형의 자산은 시간이 흐름에 따라 효용 가치가 점차 감소합니다. 이 감소분을 측정하여 비용으로 처리하기 위해 자산의 내용연수에 걸쳐 감가상각비를 체계적으로 측정하기 위해 정액법과 정률법이 사용됩니다. 정액법은 다음과 같이 내용연수에 따라 균등하게 감가상각비를 배분하는 방법입니다.

· 정액법에 의한 감가상각비 = 취득금액 ÷ 신고 내용연수

정률법은 다음과 같이 사업 초기에 감가상각비가 많이 계상되도록 하는 방법입니다.

· 정률법에 의한 감가상각비 = 미상각 잔액 × 상각률
(미상각 잔액 = 취득가액 - 감가상각 누계액, 정률법 상각률 : 4년 0.528,

5년 0.451, 6년 0.394)

기업이 당해 사업연도에 감가상각비를 비용으로 인정받기를 원하면 장부에 계상하면 됩니다. 결손이 발생하여 추후 계상하기를 원하면 나중에 장부에 계상할 수도 있습니다.

감가상각비는 임의 계상이 가능하기에 세법에서는 과세 형평을 이유로 자산의 종류에 따라 상각 방법을 달리 정하고, 내용연수의 범위를 정하고, 상각 한도액을 정하여 그 범위 안에서만 비용으로 인정하는 것들이 있습니다.

건물의 경우에는 정률법을 사용할 수 없고 정액법으로만 감가상각해야 합니다. 본인 소유의 건물이라면 내용연수를 짧게 30년으로 정하고 정액법을 사용하면 됩니다.

건물 외 나머지 자산은 정액법과 정률법 중 하나를 선택할 수 있습니다. 초기에 감가상각비를 많이 계상하려면 정률법을 선택하고 내용연수도 5년이 아니라 4년으로 단축하면 됩니다.

세알못 만약에 사업을 2년 만에 폐업하게 되면 어떻게 되나요?

택스코디 개인사업자가 사업용 고정자산을 양도 또는 폐업을 하게 될 때(사업자가 사정상 인테리어 등의 고정자산비용을 전부 감가상각을 하기 전)에는 이를 처분하더라도 남은 잔존가액을 비용처리 할 수 없습니다.

따라서 개인사업자는 고정자산을 취득하면 최대한 빨리 비용 처리하는 것이 좋습니다. 단기간(내용연수 4년)에 정률법으로 감가상각을 하는 것이 일반적으로 가장 빨리 비용처리를 하는 방법입니다.

100만 원 이상의 고정자산을 구입 시에는 이를 한 번에 비용 처리할 수 없고 내용연수로 나누어 감가상각을 통해 비용으로 처리해야 합니다.

그리고 사업양도로 인하여 자산을 양도인의 장부가액으로 포괄승계를 받은 때는 승계한 사업주가 적용하던 내용연수를 그대로 적용해야 합니다.

감가상각방법을 통해 신고할 때는 종합소득세 신고 시까지 감가상각방법신고서를 제출해야 합니다.

06
소득공제를 활용해서
과세표준을 줄이자

종합소득세를 줄이려면 사업자가 받을 수 있는 소득공제 항목부터 꼼꼼히 확인해야 합니다. 공제할 수 있는 것은 모두 빼서 최대한 과세표준을 낮추는 것이 절세의 핵심이기 때문입니다.

과세대상이 되는 소득 중에서 일정 금액을 공제하는 것을 소득공제라고 합니다. 다시 말해 세금을 매기기 전 사장님들의 소득금액에서 공제 가능한 금액을 빼는 겁니다.

세알못 그럼 소득공제 항목은 어떤 것들이 있나요?

택스코디 사업주 본인과 배우자, 부양가족 수에 따라 150만 원씩을 소득공제 받을 수 있습니다. 이를 인적공제(부양가족공제)라고 부릅니다.

구체적으로 본인뿐만 아니라 배우자와 만 60세 이상 부모

님과 만 20세 이하 자녀, 만 20세 이하 만 60세 이상 형제
자매와 함께 살고 있다면, 1인당 150만 원씩을 소득금액
에서 빼줍니다. 대신 배우자와 부양가족은 연간환산 소득
금액 100만 원 이하 기준에 부합해야 합니다.

세알못 국민연금을 받는 부모님도 부양가족공제가 가능한가요?

택스코디 일반적으로 종합소득세 신고 시 기본공제 대상자로 등록
할 수 있는 기준은 연간환산 소득금액 100만 원 이하인
데, 연간 노령연금 수령액이 약 516만 원 이하일 때 연금
소득공제 416만 원이 차감되어 연금소득금액은 100만
원으로 계산되어 부양가족 기본공제자로 등록할 수 있습
니다. 다시 말해 516만 원을 초과하면 부양가족공제를 받
을 수 없습니다.

참고로 2001년 이전 가입 기간에 따른 국민연금 노령연금액은 과
세 제외 소득입니다. 따라서 2002년 1월 1일 이후 가입 기간에 낸 연
금보험료 몫으로 돌려받는 노령연금과 반환일시금만 과세대상입니
다. 또한, 비과세 소득에 해당하는 장애연금과 유족연금도 과세기준
금액에서 제외됩니다. 정확한 과세대상 연금액이 궁금한 사람은 국
민연금공단 전자민원서비스나 콜센터 1355로 문의하면 확인 가능
합니다.

연간환산 소득금액은 연금소득 외에 근로소득금액, 사업소득금
액, 기타소득금액, 이자·배당소득금액과 퇴직소득금액, 양도소득금

액까지 포함되기 때문에 이 금액의 총합이 100만 원 이하인지 꼭 확인해야 합니다. 다음 표는 연간환산 소득금액 100만 원 이하 예시입니다.

소득종류		연간소득금액 100만 원 이하 예시	비고
종합소득	이자·배당소득	금융소득합계액이 연 2천만 원 이하 (분리과세 한 경우)	
	근로소득	일용근로소득은 소득금액과 관계없이 기본공제 신청 가능, 상용근로소득은 총급여액 500만 원 이하	일용근로소득은 분리과세
	사업소득	• 사업소득금액 100만 원 이하 • 총수입금액이 2천만 원 이하인 주택임대소득 (분리과세를 선택한 경우)	
	기타소득	기타소득금액 300만 원 이하 (분리과세를 선택한 경우)	
	연금소득	• 공적연금: 약 516만 원 이하 • 사적연금: 연금계좌에서 연금형태로 받는 소득 중 분리과세되는 연금소득(연금소득 1,500만 원 이하) • IRP에 입금되어 과세이연된 퇴직금을 연금으로 수령하는 금액 • 연금계좌에서 의료목적, 천재지변 등 부득이한 사유로 인출하는 금액	공적연금: 국민연금, 공무원/군인연금 사적연금: 연금저축, 퇴직연금
퇴직소득		퇴직금 100만 원 이하	
양도소득		양도소득금액 100만 원 이하	

세알못 부양가족으로 배우자, 자녀 3명 (만20세 자녀 1명, 만20세 이하 자녀 2명), 부모님 두 분 모두 만 60세 이상입니다. 배우자는 연봉이 2,000만 원입니다. 부양가족공제를 받을 수 있는 금액은 얼마인가요?

택스코디 배우자를 제외한 모든 가족이 기본공제 대상자입니다. 배우자는 총급여액이 500만 원 이상이므로 제외됩니다. 따라서 150만 원 × 6명 (본인, 부모님 2분, 자녀 3명) = 900만 원을 기본공제 받을 수 있습니다.

세알못 11월에 이혼했습니다. 늘 부양가족공제를 받았던 배우자인데, 이번에도 공제 가능한가요?

택스코디 공제대상 여부 판정 과세기준일은 과세기간 종료일 (매년 12월 31일)을 기준으로 합니다. 그러므로 이날은 부부가 아닌 남입니다. 따라서 부양가족공제를 받을 수 없습니다. 반대로 혼인신고의 경우에는 반드시 12월 31일까지 혼인신고를 해야 부양가족공제가 가능합니다. 예외적으로 사망의 경우에는 사망일 전일을 기준으로 판단합니다. 만약 배우자가 1월 2일 사망했다면 부양가족공제를 받을 수 있다는 말입니다.

그리고 기본공제대상자가 70세 이상인 (1954년 12월 31일 이전 출생, 2025년 5월 신고기준) 경우 100만 원을, 장애인복지법에 따른 장애인, 국가유공자 등 예우 및 지원에 관한 법률에 따른 상이자 및 이와 유사한 자로서 근로 능력이 없는 자, 항시 치료를 해야 하는 중증환자, 장애아동복지지원법에 따른 발달재활서비스를 지원받고 있는 장애아동 등은 200만 원을, 연 소득이 3,000만 원 이하이면서 배우자 없이 부양 자녀가 있는 여성 세대주는 50만 원을, 배우자 없이 부양 자녀가 있는 한부모는 100만 원을 추가로 공제받을 수 있습니다. 단 부녀자공제와 한부모공제 중복 적용은 불가능합니다. 다음 표를 참

사업자가 꼭 알아야 할 절세의 전략

고합시다.

인적공제 구분	가족 구분	요건	공제금액
기본공제	본인	없음	1인당 150만 원
	배우자	연간환산 소득금액 100만 원 이하	
	직계존속	만 60세 이상, 연간환산 소득금액 100만 원 이하	
	직계비속	만 20세 이하, 연간환산 소득금액 100만 원 이하	
	형제자매	만 20세 이하 만 60세 이상, 연간환산 소득금액 100만 원 이하	
추가공제	경로자	기본공제대상자 중 만 70세 이상	100만 원
	장애인	기본공제대상자 중 장애인	200만 원
	부녀자	배우자 없이 부양 자녀가 있는 세대주, 소득금액 3,000만 원 이하	50만 원
	한부모	배우자 없이 부양 자녀가 있는 경우	100만 원

사업주가 내는 연금보험료는 납부액 전부가 소득공제 됩니다. 또 노란우산공제로 알려진 소기업·소상공인 공제부금은 사업소득에 따라 200만 원에서 500만 원까지 공제받을 수 있습니다. 다음 표를 참고합시다.

특별공제 구분	공제금액
연금보험료	연금보험료 납부액 전액
소기업·소상공인 공제부금	사업소득금액 4,000만 원 이하: 500만 원 사업소득금액 4,000만 원 초과~1억 원 이하: 300만 원 사업소득금액 1억 원 초과: 200만 원

---- 07 ----

세액공제를 활용해서
세금을 줄이자

세액공제란 소득공제를 거친 과세표준에 종합소득세율을 적용해 나온 세액 중에서 공제항목에 해당하는 세금을 아예 빼주는 것을 말합니다. 앞장에서 말한 소득공제와 세액공제의 차이점은 세금을 매기기 전 소득에서 공제하느냐, 산출된 세액에서 세금을 빼주느냐 차이입니다.

사업주가 받을 수 있는 대표적인 세액공제는 자녀세액공제입니다. 크게 기본공제대상 자녀와 출산·입양공제대상 자녀로 나눌 수 있습니다. 두 경우 모두 자녀 수에 비례해 혜택이 증가하며, 두 가지 유형에 모두 해당하면 중복 공제도 가능합니다.

기본공제대상 자녀는 종합소득이 있는 거주자의 공제대상 자녀(기본공제대상자에 해당하는 자녀로 입양자, 위탁아동 포함) 및 손자녀입니다. 2022년 귀속 소득까지만 해도 손녀와 손자는 대상에서 제외됐는데, 2023년 귀속 소득부터는 손자녀도 대상에 포함됐습니다. 2024년 시행되는 소득세 신고부터 손자녀도 포함된다는 말입니다.

만 8세 이상 만 20세 이하 자녀를 두고 있는 사장님이라면 종합소득 산출세액에서 공제받을 수 있습니다. 만 7세까지는 아동수당을 받으므로 자녀세액공제 대상에서는 제외됩니다. 기준 시기는 해당 과세기간에 해당 나이에 해당하는 날이 하루라도 있으면 공제대상자로 포함합니다.

자녀가 많을수록 혜택이 커집니다. 대상 자녀가 1명이면 연 15만 원, 2명이면 연 35만 원(15만 원 + 20만 원), 3명 이상이면 기본 연 35만 원에 3명부터 1명당 연 30만 원의 세액을 추가로 공제받을 수 있습니다.

세알못 3자녀(24세, 11세, 5세)가 있습니다. 자녀세액공제를 적용받을 수 있는 금액은 얼마인가요?

택스코디 11세 자녀 1명만 기본세액공제 15만 원을 적용받을 수 있습니다.

이런 기본공제 외에 과세기간에 출산이나 입양을 한 경우에도 자녀세액공제를 받을 수 있습니다. 첫째는 30만 원, 둘째는 50만 원, 셋째 이상이면 연 70만 원을 종합소득 산출세액에서 공제받을 수 있습니다.

여기서 자녀 수를 계산할 때는 만 7세 이하인 자녀와 만 20세 초과인 자녀도 포함합니다. 가령 만 6세 자녀와 만 22세 자녀가 있는 상태에서 지난해 1명을 출산했다면, 기존 자녀 2명에 대해 기본세액공제는 0원이지만, 셋째 아이로 인해 70만 원의 출산세액공제를 받을 수 있습니다. 한편, 자녀장려금은 자녀세액공제와 중복해서 적용할 수 없는 점에 유의해야 합니다.

세알못	3자녀(24세, 11세, 5세)가 있고, 2023년에 자녀 1명을 입양했습니다. 세액공제 금액은요?
택스코디	총금액은 85만 원(15만 원 + 70만 원)입니다. 구체적 내용은 다음과 같습니다. • 기본공제: 11세 자녀 1명 - 15만 원 • 출산·입양 공제: 70만 원(넷째)

연금저축과 개인형퇴직연금(IRP)에 저축하는 돈도 세액공제가 가능합니다. 둘 다 노후를 대비하기 위한 연금의 일종입니다. 연금은 젊을 때 받는 월급을 차곡차곡 저축했다가 그 돈을 은퇴 후에 월급처럼 받아 쓸 수 있게 한 상품입니다. 공적연금인 국민연금이 있기는 하지만, 개인이 필요에 따라 추가로 가입할 수 있는 게 연금저축과 개인형퇴직연금(IRP)입니다.

개인형퇴직연금(IRP)에 적금 붓듯이 돈을 넣으면 1년에 최대 900만 원을 16.5%(지방소득세 포함)만큼 세액공제 해줍니다. 하지만 종합소득금액이 4,500만 원을 초과하면 공제율이 13.2%로 낮아집니다. 쉽게 말해, 종합소득금액 4,500만 원 이하인 사업자가 개인형퇴직연금(IRP)에 1년에 900만 원을 넣으면, 지방소득세를 포함해 148만5천 원(900만 원 × 16.5%)의 세금을 깎아준다는 얘기입니다.

연금저축도 개인형퇴직연금(IRP)과 비슷합니다. 다만 개인형퇴직연금(IRP)과 달리 연금저축은 2018년부터 은행 가입이 안 됩니다. 증권사에서 연금저축 계좌를 만들어 펀드나 상장지수펀드(ETF)에 투자할 수 있고, 보험사에서 연금저축보험 상품에 가입할 수도 있습니다. 연금저축보험은 매달 정해진 돈을 꼬박꼬박 납입해야 합니다. 증권사 연금저축 계좌는 넣고 싶을 때 넣고 싶은 만큼만 넣을 수 있습니다. 개인형퇴직연금(IRP)과 연금저축 둘 다 가입한 경우라면 연금저축 600만 원에 추가로 개인형퇴직연금(IRP) 납입액 300만 원, 총 900만 원이 세액공제 대상입니다. 다음 표를 참고합시다.

연금저축 및 개인형퇴직연금 (IRP) 공제 한도 및 공제율

	연금저축·IRP 공제율	연금저축 공제 한도(공제대상 금액 한도)	IRP 공제 한도	최대 세액공제액
종합소득금액 4,500만 원 이하	16.5% (지방소득세 포함)	600만 원	(연금저축과 합해) 900만 원	1,485,000원
종합소득금액 4,500만 원 초과	13.2% (지방소득세 포함)			1,188,000원

둘 다 노후자금을 모으는 상품이라 한 번 넣은 돈은 특별한 경우가 아니면 55살 전에 출금할 수 없습니다. 중간에 돈을 빼려면 계좌를 해지하거나 소득세 신고 때 깎아준 세금을 토해내야 합니다. 약간의 강제성을 두는 것이죠. 그래서 매달 납입할 계획이라면 55살까지 유지할 수 있을 정도만 하는 게 좋습니다. 매달 넣기 부담스럽다면 여력이 될 때만 넣는 것도 가능합니다. 연말에 일시불로 900만 원 납입하는 것도 가능합니다.

그리고 매출이 적은 간편장부 대상자가 복식부기로 기장·신고한 다면 100만 원 한도로 20%의 세금을 줄일 수 있으니, 기장세액공제 적용도 고려해볼 만합니다. 다음 표를 참고합시다.

구분	공제내용
자녀세액공제	기본공제대상자 해당 만 8세 이상 만 18세 이하 자녀 1명 15만 원, 2명 35만 원, 3명 이상부터 인당 30만 원
출산·입양 세액공제	출산이나 입양을 한 경우, 첫째는 30만 원, 둘째는 50만 원, 셋째 이상이면 연 70만 원 세액공제
연금계좌 세액공제	퇴직연금·연금저축 납액입의 12% (종합소득금액 4,500만 원 이하는 15%)
기장 세액공제	간편장부 대상자가 복식부기로 기장·신고하는 경우 (산출세액의 20%, 100만 원 한도)
표준세액공제	특별세액공제(보험료, 의료비, 교육비, 기부금)를 신청하지 않은 사업소득자 7만 원 세액공제

사업자가 꼭 알아야 할 절세의 전략

08

이럴 때는 꼭 장부를 작성하자

적자가 발생했다면 꼭 장부를 작성해야 합니다. 유효기간 15년짜리 세금 할인 포인트를 적립할 수 있기 때문입니다. 사업 초반 손실이 나면 손실이 계속 적립이 되다가 15년 이내에 이익이 나면 이익에서 과거의 손실을 차감해 줍니다. 바로 '이월결손금 공제제도'입니다. 이월결손금 공제제도는 적자 금액이 얼마인지, 언제 발생했는지가 장부와 증빙으로 사실이 객관적으로 입증돼야만 인정받을 수 있습니다.

이 제도는 세금 절감 효과가 있습니다. 특히 사업 구조상 사업 초반에 큰 적자면서 이후에 큰 흑자로 전환되는 특징을 가진 산업군은 반드시 장부를 작성해서 이월결손금 제도를 활용해야 합니다.

1년 동안 발생한 수입금액은 적은데, 오히려 비용을 많이 썼다면,

다시 말해 수입에서 비용을 뺀 순이익이 마이너스가 발생한 것을 세법적인 용어로 '결손'이라고 합니다. 세법에서는 당해연도 발생한 결손금에 대해서는 15년간 이월시켜서 다음 해 소득금액에서 결손금만큼 빼줍니다. 이걸 '이월결손금'이라고 합니다.

다시 말해 이월결손금은 내년 소득금액을 줄여주는 세금 마일리지 같은 역할을 합니다. 이럴 때는 추계신고를 절대 하면 안 되고, 꼭 장부를 작성해 다음연도 종합소득세 신고에서 절세를 노려야 합니다. 특히 연말에 사업을 시작하는 사업자는 결손이 나오는 경우가 많아서 이월결손금 공제제도를 통해 다음 연도 절세까지 생각해야 합니다.

소득세는 기간 과세 세목입니다. 다시 말해 회사의 존속기간 전체를 대상으로 누적된 이익에 과세하지 않고, 일정한 사업연도마다 그 사업연도에 확정된 이익에 대해 과세를 합니다. 이런 이유로 만약 사업연도마다 손실과 이익이 반복해 발생하는 회사라면 비록 회사의 존속기간 전체로는 손실이 발생했다고 하더라도, 이익이 발생한 사업연도에 부득불 과세가 되어버리는 문제가 생깁니다. 이에 소득세법은 이러한 기간 과세 제도의 한계를 보완하기 위해 특별한 장치를 마련했습니다. 그 장치가 바로 '이월결손금 공제제도'입니다.

이월결손금 공제제도는 과거에 발생한 결손금을 버려두지 않고, 장래에 이익이 발생하는 사업연도에 다시 꺼내 들어, 그 사업연도의 소득에서 공제하는 제도를 말합니다. 따라서 과거 지나간 사업연도에 결손이 발생한 사실이 있다면 이를 꼭 장부에 기록해두어 이익이

사업자가 꼭 알아야 할 절세의 전략

발생하는 사업연도의 소득세를 줄여 줄 수 있습니다.

중요한 내용이라 다시 강조합니다. 꼭 복식부기 장부가 아니라 간편장부를 작성해도 '이월결손금 공제'가 가능합니다. 적자가 발생했을 때, 장부를 작성한 경우와 그렇지 않은 경우(단순경비율이나 기준경비율로 신고)를 비교해봅시다.

다음 표처럼 적자가 발생해도 장부를 작성하지 않으면 소득금액이 발생해 세금을 내야 하지만, 기장을 해서 이월결손금 공제제도를 활용하면 3년 동안 소득세를 10원도 내지 않게 됩니다.

장부작성을 한 경우

구분	연도	매출	필요경비	이월결손금공제	소득금액
장부작성	2022년	5,000만 원	5,500만 원	-	- 500만 원
	2023년	5,000만 원	5,500만 원	500만 원	- 1,000만 원
	2024년	7,000만 원	6,000만 원	1,000만 원	0원

장부작성을 하지 않은 경우

구분	연도	매출	필요경비	이월결손금공제	소득금액
단순경비율 (80% 가정) 추계신고	2022년	5,000만 원	4,000만 원	-	1,000만 원
	2023년	5,000만 원	4,000만 원	-	1,000만 원
	2024년	7,000만 원	5,600만 원		1,400만 원

위 표에서 알 수 있듯이 적자가 생겼더라도 장부를 작성하지 않고 추계신고를 하면 경비율 적용으로 소득금액이 생겨 소득세가 발생합니다. 따라서 적자가 발생했다면 장부작성은 필수입니다. 그리고

간편장부를 작성하면 감가상각비, 대손충당금 및 퇴직급여충당금 등도 필요경비로 인정받을 수 있습니다.

참고로 이월결손금은 향후 15년간 이월하여 계속 공제를 받을 수가 있습니다. 만약 계속해서 이월결손금이 발생한다면 먼저 발생한 결손금부터 순서대로 공제합니다.

세알못　　결손금과 이월결손금이 동시에 발생한 경우에는요?

택스코디　　다음과 같은 순서로 공제가 됩니다.

1. 부동산임대업 이외의 사업, 주거용 건물 임대업에서 발생한 결손금
2. 부동산임대업 이외의 사업, 주거용 건물 임대업의 사업소득 이월 결손금
3. 부동산임대업(주거용 건물 임대업 제외)의 사업소득 이월결손금

09

성실신고대상자만
받을 수 있는 혜택이 있다

규모가 큰 개인사업자는 종합소득세 신고 전에 세무대리인에게 신고서 작성의 성실도를 확인받아야 하는 의무가 있습니다. 바로 '성실신고확인제도'입니다.

연간 수입금액이 일정액 이상이 되면 성실신고확인대상이 됩니다. 농업이나 도·소매업은 연 15억 원 이상, 제조업이나 숙박업, 음식점업은 7억 5,000만 원 이상이면 성실신고확인을 받아야 합니다. 부동산임대업이나 서비스업종은 5억 원만 넘어도 성실신고확인 대상으로 구분됩니다.

다음 표를 참고합시다.

업종별 직전년도 수입금액에 따른 성실신고 대상 분류

업종	성실신고 확인대상자
가. 농업·임업 및 어업, 광업, 도매 및 소매업(상품중개업을 제외한다.), 소득세법 시행령 제122조 제1항에 따른 부동산매매업, 그 밖에 '나' 및 '다'에 해당하지 않는 사업	15억 원 이상
나. 제조업, 숙박 및 음식점업, 전기·가스·증기 및 공기조절 공급업, 수도·하수·폐기물처리·원료재생업, 건설업(비주거용 건물 건설업은 제외), 부동산 개발 및 공급업(주거용 건물 개발 및 공급업에 한함) 운수업 및 창고업, 정보통신업, 금융 및 보험업, 상품중개업, 욕탕업	7억 5천만 원 이상
다. 소득세법 제45조 제2항에 따른 부동산임대업, 부동산업('가'에 해당하는 부동산매매업 제외), 전문·과학 및 기술서비스업, 교육서비스업, 보건업 및 사회복지서비스업, 예술·스포츠 및 여가관련서비스업, 협회 및 단체, 수리 및 기타 개인서비스업, 가구내 고용 활동	5억 원 이상

세알못 지난해 음식점에서 7억 원의 수입금액이 생겼고, 부동산 임대수익으로 1억 원을 벌었습니다. 이런 경우에도 성실신고대상자로 구분되나요?

택스코디 둘 이상의 업종을 겸영하거나 사업장이 둘이라면, 매출이 큰 '주된 업종'을 기준으로 수입금액을 환산해야 합니다.

주된 업종의 수입금액이 성실신고확인대상이 되는 기준금액에 못 미치더라도 그 밖의 업종 수입금액환산액을 합한 금액이 기준금액을 넘으면 성실신고확인 대상이 된다는 의미입니다. 그 밖의 업종 수입금액은 다음처럼 주된 업종 수입금액으로 환산하는 별도의 공식을 적용해서 계산합니다.

성실신고확인대상 수입금액 기준 환산적용방법

> • 주업종의 수입금액 + 주업종 외 업종의 수입금액 × (주업종의 기준
>   수입금액 / 주업종 외 업종의 기준수입금액)

　　세알못 씨 음식점 수입금액만 보면 7억 원으로 7억 5,000만 원인 성실신고확인대상 기준에 못 미칩니다. 하지만 겸영(兼營)하고 있던 부동산임대업에서 수입금액 1억 원을 벌었고, 이것을 다음처럼 주된 업종(음식점 수입금액)으로 환산하면 1억5,000만 원이 되고, 이것을 주업종 수입금액 7억 원에 더하면 총 수입금액은 8억5,000만 원으로 성실신고확인대상으로 구분됩니다.

> • 주업종의 수입금액 + 주업종 외 업종의 수입금액 × (주업종의 기준수
>   입금액 / 주업종 외 업종의 기준수입금액)
>   = 7억 원 + 1억 원 × (7억 5천만 원 / 5억 원) = 7억 원 + 1억 5천만 원
>   = 8억 5천만 원

세알못　제조업을 운영 중이고 2023년 7월 법인으로 전환했습니다. 법인전환 전까진 수입금액이 7억 원이었습니다. 성실신고대상인가요?

택스코디　폐업과 법인전환은 환산하지 않습니다. 제조업 기준으로 7억 5,000만 원 미만이기 때문에 성실신고 대상이 아닙니다.

종합소득세 신고는 일반적으로 5월에 하지만, 6월에 하는 사업자도 있습니다. 바로 성실신고확인대상자입니다. 사업 규모가 큰 경우 성실신고확인이라는 것을 받아야 하기 때문입니다. 더 꼼꼼하게 확인받고 신고하라는 뜻입니다.

세알못 성실신고확인대상이 되면 무엇이 달라지나요?

택스코디 성실신고확인대상자가 되면 종합소득세 신고서가 성실하게 작성됐는지 세무대리인에게 한 번 더 확인받아야 합니다. 종합소득세 신고서뿐 아니라 성실신고확인서도 제출해야 하는 거죠. 이때 확인하는 세무대리인에게 추가로 확인비용을 지출해야 합니다.

그래서 성실신고확인대상자는 종합소득세 신고기한을 5월 말까지가 아니라 6월 말까지로 한 달 더 연장해주고 성실신고확인비용도 보전해 줍니다. 세무대리인에게 지급하는 성실신고확인비용의 60%를 최대 120만 원까지 세액공제 받을 수 있고, 남은 비용은 경비로 처리할 수 있습니다.

이 밖에도 일반 직장인이 연말정산을 할 때처럼 의료비 세액공제, 교육비 세액공제, 월세 세액공제를 받을 수 있습니다. 의료비 세액공제는 사업소득 3%를 초과한 부분에 대해 공제받을 수 있습니다. 교육비와 월세에 대해서도 직장인과 동일하게 세액공제 받을 수 있습니다.

반대로 성실신고확인 대상 사업자가 성실신고확인을 받지 않고 일반 사업자처럼 종합소득세 신고서만 내면 성실신고확인서 미제출 가산세를 냅니다.

또 성실신고사업자는 국세청의 세무조사에 더 쉽게 노출됩니다. 성실신고확인 의무를 위반한 사업자는 소득 탈루나 탈세 혐의가 있을 때 진행되는 수시 세무조사 대상에 선정될 확률이 높아지기 때문입니다. 성실신고확인 주요 항목을 보면 주요 사업 내역 현황뿐 아니라 배우자나 자녀 등 특수관계인과 거래까지 꼼꼼하게 확인해야 합니다. 전체적으로 성실신고확인대상이 되면 이전보다 세금 신고가 더 까다로워집니다. 이를 정리하면 다음 표와 같습니다.

신고 기간: 6월 말까지	일반적으로 종합소득세 신고는 5월 31일까지입니다. 그러나 성실신고확인대상 사업자는 1달이라는 기간을 더 줘서 6월 30일까지 신고·납부합니다.
성실신고확인 비용 세액공제	성실신고확인대상 사업자가 성실신고확인신고를 제대로 이행하면 그와 관련된 비용의 60% (120만 원 한도)를 세금에서 공제해 줍니다.
의료비 등 세액공제	성실신고확인대상 사업자가 성실신고를 제대로 이행하면 일반 개인사업자는 받을 수 없는 의료비·교육비·월세 세액공제를 적용받을 수 있습니다.

개인사업자가 종합소득세 신고 시 비용으로 처리하기 위해서는 사업과 연관성이 있어야 합니다. 하지만 병원비는 사업과 직접적인 관련이 없으므로 비용으로 처리할 수 없습니다. 그러나 개인사업자 중 성실신고대상자라면 의료비 세액공제를 받을 수 있습니다. 본인을 포함한 기본공제대상자(나이와 소득의 제한을 받지 않음)를 위해 의료비를 지급한 경우에는 의료비 세액공제 대상 금액의 15%(미숙

아 및 선천성 이상아를 위해 지급한 의료비는 20%, 난임 시술비에 대해서는 30%)에 해당하는 금액을 산출세액에서 세액공제가 가능합니다.

그리고 교육을 위해서 돈을 썼다면 교육비 세액공제를 받을 수 있습니다. 본인과 자녀 교육비의 15%에 해당하는 금액을 세금에서 공제합니다. 교육비로 사용했다고 해서 전부 공제를 받을 수 있는 건 아닙니다. 장학금을 받았다면 그만큼은 공제를 받을 수 없습니다.

사용한 금액도 본인 교육비와 장애인 특수교육비라면 전액 공제가 가능하지만, 그 외 부양가족 교육비 한도는 다음과 같습니다.

교육비 공제 한도

구분	한도
대학생	1인당 연 900만 원
초등학교 취학 전 아동, 초·중·고등학생	1인당 연 300만 원
본인 교육비, 장애인 특수 교육비	한도 없음

10

폐업 시, 이것 주의하자

세알못   매출은 계속 떨어지고 갈수록 적자입니다. 운영하는 식당 문을 닫을 예정입니다. 폐업신고는 어떻게 하면 되는가요? 또 폐업신고 시 주의해야 할 것은 무엇인가요?

택스코디   크게 두 가지가 있습니다. 바로 폐업신고와 부가가치세 신고 및 납부입니다. 사업장 문을 닫았다는 폐업신고를 하고, 폐업일이 속한 달의 다음 달 25일까지 부가가치세를 신고·납부하면 됩니다.

예를 들어 8월에 폐업했다면 9월 25일까지 부가가치세 신고를 마치면 되고, 폐업한 사업소득과 그 외에 다른 소득이 있다면, 다음 해 5월 종합소득세 신고 시에 합산해서 신고해야 합니다.

그냥 가게 문을 닫았다고 해서 폐업을 마친 건 아닙니다. 폐업하게 되면 '폐업신고'를 꼭 해야 합니다. 폐업신고를 마쳐야 국민건강보험공단에서 사업자의 소득 사항을 파악하고 보험료를 다시 계산하거나 직장 가입자로 전환해 줄 수 있습니다. 사업자등록을 한 것처럼 등록을 해지한다는 의미의 폐업신고를 해야 법적으로 폐업이 완료되는 것입니다.

폐업했는데 부가가치세까지 내라니 속상할 수 있지만 제대로 신고하지 않으면 추후 가산세가 붙어 세금을 배로 내야 할 수도 있으니 꼭 신고하는 게 좋습니다.

이때 주의할 것은 '폐업 시 잔존재화'라는 것을 신고서에 함께 작성해야 한다는 것입니다. 다시 말해 '폐업 시 남아있는 재고나 감가상각 대상 자산에 대해 일전에 매입세액으로 공제받았던 부분을 폐업 이후 비사업자로 사용하는 경우 판매자와 과세형평에 맞지 않으니 판매한 것으로 간주해 부가가치세를 내라'라는 것입니다. 쉽게 말해 원래 손님에게 판매되는 것들이 폐업 후에는 사장님에게 판매되었다고 봐서 남아있는 재고품이나 기계, 차량 같은 자산에 부가가치세를 부과하는 겁니다. 계산방식은 다음의 금액을 자기 자신에게 공급하는 것으로 봐 부가가치세 신고 시 간주공급으로 과세표준에 입력합니다.

- 남아있는 재화의 경우: 재화의 시가
- 남아있는 감가상각 대상 자산의 경우: 취득가액 × (1 - 감가율 × 경과한 과세기간 수)

사업자가 꼭 알아야 할 절세의 전략

여기서 감가율이란 건물 또는 구축물은 5%, 그 밖의 감가상각자산은 25%입니다.

세알못   세무사 도움 없이 홈택스에서 혼자 신고해도 될까요?

택스코디   폐업하기 전 매출·매입자료를 구분해서 꼼꼼히 챙겨두었다면 혼자 신고도 가능합니다. 다만 사장님 혼자 정확한 정리가 불가능하거나 급작스럽게 폐업하게 되었다면 전문가의 도움을 받는 것도 필요하겠죠.

폐업신고는 어렵지 않습니다. 홈택스에 접속해 다음과 같은 경로를 따라가면 됩니다.

> • 홈택스 로그인 → 신청/제출 → 신청업무 → 휴폐업신고

직접 찾아가서 신고하고 싶다면 폐업신고서에 사업자등록증을 첨부해서 관할 세무서나 세무서 민원봉사실에 제출하면 됩니다.

만약 부가가치세 확정신고 기간 중 폐업했다면 부가가치세 확정신고서에 폐업연월일, 폐업 사유를 쓰고 사업자등록증을 첨부하면 폐업신고서를 제출한 것과 같게 처리됩니다.

세알못   폐업 신고하면 세금계산서 발행을 못 받나요?

택스코디   폐업일 이후에도 폐업일 이전 거래분에 대해서는 발급받을 수 있습니다.

세알못   폐업하고 부가가치세 신고기한을 놓치면 가산세는 얼마
나 붙나요?

택스코디   원래 내야 할 부가가치세의 20%만큼 신고불성실가산세
가 부과됩니다. 미납 일수만큼 납부불성실가산세도 부과
됩니다. 신고기한을 놓쳐 기한 후 신고하더라도 이른 시
일 내에 해야 가산세가 조금이라도 감면될 수 있으니 최
대한 빨리 신고하는 것이 좋습니다. 기한 후 신고도 국세
청 홈택스를 통해 가능합니다.

세알못   간이과세자도 일반과세자와 같은 절차로 신고하면 되나요?

택스코디   네. 간이과세 사업자도 폐업일의 다음 달 25일까지 부가
가치세를 신고하면 됩니다.

사업자가 꼭 알아야 할 절세의 전략

개인사업자
월별 세금납부 일정

본 책 마지막 권말부록에서는

사업자가 매달 내야 하는 세금을 월별로 정리해봤습니다.

1월

1월에는 전년도에 사업을 시작했다면 간이과세 사업자는 전년도 전체 기간에 대한 부가가치세 신고를 일반과세 사업자는 전년도 하반기에 대한 부가가치세 신고를 진행해야 합니다. 그리고 직원이 있는 사업자가 인건비를 지급한 경우에는 매달 전달 지급액에 대한 원천세 신고를 해야 하며, 사업소득자(프리랜서)나 일용직 근로자가 있는 경우에는 지급명세서를 제출해야 합니다. 상용직 근로자가 있는 경우에는 전년도 하반기 전체 지급액에 대한 지급명세서를 제출해야 합니다. 또 직원이 있는 경우 4대보험을 취득해야 하며, 퇴직 시에는 상실신고를 해야 하며, 일용직 근로자의 경우에는 근로내용 확인신고로 이를 대신하게 됩니다. 다음 표를 참고합시다.

1월	
10일	원천징수분 법인세, 소득세, 지방소득세 납부, 4대보험료 납부
15일	고용·산재 근로내용 확인신고(일용직)
25일	제2기 부가가치세 확정신고
31일	일용근로소득 지급명세서, 간이지급명세서(근로소득, 거주자의 사업소득) 제출

사업자가 꼭 알아야 할 절세의 전략

2월

2월에는 면세사업자라면 전년도 매출에 대한 사업장현황신고를 진행해야 합니다. 전년도에 기타소득을 지급한 내역이 있다면 지급명세서를 제출해야 합니다. 그리고 전달과 마찬가지로 인건비 지급 시 원천세 신고와 지급명세서를 제출하며 일용직의 경우 근로내용 확인신고도 해야 합니다. 다음 표를 참고합시다.

2월	
10일	원천징수분 법인세, 소득세, 지방소득세 납부, 4대보험료 납부
	면세사업자 사업장현황신고
15일	고용·산재 근로내용 확인신고(일용직)
28일	일용근로소득 지급명세서, 간이지급명세서(근로소득, 거주자의 사업소득) 제출
	이자소득, 배당소득, 기타소득 지급명세서 제출(작년분)

3월

3월에는 전년도 지급한 근로, 사업, 퇴직소득에 대한 지급명세서를 제출해야 하며, 건강보험, 고용산재보험 보수총액을 신고해야 합니다. 그리고 전달과 마찬가지로 인건비 지급 시 원천세 신고와 지급명세서를 제출하며 일용직의 경우 근로내용 확인신고도 해야 합니다. 다음 표를 참고합시다.

	3월
10일	원천징수분 법인세, 소득세, 지방소득세 납부, 4대보험료 납부
	근로소득, 원천징수대상 사업소득, 퇴직소득, 기타소득 등 종교인소득 지급명세서 제출
10일	건강보험 보수총액(작년분) 신고 (건강보험관리공단)
15일	고용·산재 근로내용확인신고(일용직)
	고용, 산재 보수총액(작년분) 신고 (근로복지공단)
31일	법인세 신고·납부
	일용근로소득 지급명세서, 간이지급명세서(근로소득, 거주자의 사업소득) 제출

사업자가 꼭 알아야 할 절세의 전략

4월

4월에는 1기분 부가가치세 예정고지 세액을 납부해야 합니다. 그리고 전달과 마찬가지로 인건비 지급 시 원천세 신고와 지급명세서를 제출하며 일용직의 경우 근로내용 확인신고도 해야 합니다. 다음 표를 참고합시다.

4월	
10일	원천징수분 법인세, 소득세, 지방소득세 납부, 4대보험료 납부
15일	고용·산재 근로내용확인신고(일용직)
25일	제1기 부가가치세 예정신고, 예정고지납부
30일	일용근로소득 지급명세서, 간이지급명세서 (근로소득, 거주자의 사업소득) 제출
	법인세 신고·납부(성실신고)
	법인 지방소득세 신고·납부

5월

5월에는 전년도 종합소득세를 신고·납부해야 합니다. 그리고 전달과 마찬가지로 인건비 지급 시 원천세 신고와 지급명세서를 제출하며 일용직의 경우 근로내용 확인신고도 해야 합니다. 다음 표를 참고합시다.

5월	
10일	원천징수분 법인세, 소득세, 지방소득세 납부, 4대보험료 납부
15일	고용·산재 근로내용 확인신고(일용직)
31일	종합소득세 신고·납부
	일용근로소득 지급명세서, 간이지급명세서(근로소득, 거주자의 사업소득) 제출
	건강보험·국민연금 소득총액신고(개인)
	사업용 계좌 변경 및 추가신고

사업자가 꼭 알아야 할 절세의 전략

6월

6월에는 성실신고확인서 제출사업자의 경우에는 6월 말까지 종합소득세를 신고·납부해야 합니다. 사업용 계좌 신고대상자라면 이달 말까지 신고해야 합니다. 그리고 전달과 마찬가지로 인건비 지급 시 원천세 신고와 지급명세서를 제출하며 일용직의 경우 근로내용 확인신고도 해야 합니다. 다음 표를 참고합시다.

6월	
10일	원천징수분 법인세, 소득세, 지방소득세 납부, 4대보험료 납부
	부가가치세 주사업장 총괄납부 신청/포기신고
	사업자단위과세 신청/포기신고
15일	고용·산재 근로내용 확인신고(일용직)
30일	종합소득세 신고·납부(성실신고대상사업자)
	사업용 계좌 신고
	반기별 원천세 납부 승인신청
	일용근로소득 지급명세서, 간이지급명세서(근로소득, 거주자의 사업소득) 제출
	해외금융계좌신고
	일감몰아주기, 일감떼어주기 증여세 신고

7월

7월에는 1기분 부가가치세를 신고·납부해야 합니다. 상반기 근로소 득 간이지급명세서를 제출하며, 전달과 마찬가지로 인건비 지급 시 원천세 신고와 지급명세서를 제출하며 일용직의 경우 근로내용 확 인신고도 해야 합니다. 다음 표를 참고합시다.

7월	
10일	원천징수분 법인세, 소득세, 지방소득세 납부, 4대보험료 납부
15일	고용·산재 근로내용 확인신고(일용직)
25일	제1기 부가가치세 확정신고
31일	일용근로소득 지급명세서, 간이지급명세서(근로소득, 거주자의 사업소득) 제출

8월

8월에는 주민세 사업소분을 신고·납부해야 합니다. 그리고 전달과 마찬가지로 인건비 지급 시 원천세 신고와 지급명세서를 제출하며 일용직의 경우 근로내용 확인신고도 해야 합니다. 다음 표를 참고합시다.

8월	
10일	원천징수분 법인세, 소득세, 지방소득세 납부, 4대보험료 납부
15일	고용·산재 근로내용 확인신고(일용직)
31일	주민세 사업소분 신고·납부
	일용근로소득 지급명세서, 간이지급명세서(근로소득, 거주자의 사업소득) 제출

9월

9월에는 전달과 마찬가지로 인건비 지급 시 원천세 신고와 지급명세서를 제출하며 일용직의 경우 근로내용 확인신고도 해야 합니다. 다음 표를 참고합시다.

	9월
10일	원천징수분 법인세, 소득세, 지방소득세 납부, 4대보험료 납부
15일	고용·산재 근로내용 확인신고(일용직)
30일	일용근로소득 지급명세서, 간이지급명세서(근로소득, 거주자의 사업소득) 제출

사업자가 꼭 알아야 할 절세의 전략

10월

10월에는 2기분 부가가치세 예정고지 세액을 내야 합니다. 그리고 전달과 마찬가지로 인건비 지급 시 원천세 신고와 지급명세서를 제출하며 일용직의 경우 근로내용 확인신고도 해야 합니다. 다음 표를 참고합시다.

10월	
10일	원천징수분 법인세, 소득세, 지방소득세 납부, 4대보험료 납부
15일	고용·산재 근로내용 확인신고(일용직)
25일	제2기 부가가치세 예정신고, 예정고지 납부
31일	일용근로소득 지급명세서, 간이지급명세서(근로소득, 거주자의 사업소득) 제출

11월

11월에는 종합소득세 중간예납세액을 내야 합니다. 그리고 전달과 마찬가지로 인건비 지급 시 원천세 신고와 지급명세서를 제출하며 일용직의 경우 근로내용 확인신고도 해야 합니다. 다음 표를 참고합시다.

	11월
10일	원천징수분 법인세, 소득세, 지방소득세 납부, 4대보험료 납부
15일	고용·산재 근로내용 확인신고(일용직)
30일	종합소득세 중간예납 신고·납부
	일용근로소득 지급명세서, 간이지급명세서(근로소득, 거주자의 사업소득) 제출

사업자가 꼭 알아야 할 절세의 전략

12월

12월에는 전달과 마찬가지로 인건비 지급 시 원천세 신고와 지급명세서를 제출하며 일용직의 경우 근로내용 확인신고도 해야 합니다. 다음 표를 참고합시다.

	12월
10일	원천징수분 법인세, 소득세, 지방소득세 납부, 4대보험료 납부
	부가가치세 주사업장 총괄납부 신청/포기신고
	사업자단위과세 신청/포기신고
15일	고용·산재 근로내용 확인신고(일용직)
31일	일용근로소득 지급명세서, 간이지급명세서(근로소득, 거주자의 사업소득) 제출